Cálculo Modular

Leandro Bertoldo

Leandro Bertoldo
Cálculo Modular

Leandro Bertoldo
Cálculo Modular

De: _____

Para: _____

_____

_____

4

Dedico este livro aos meus pais,
José Bertoldo Sobrinho
Anita Leandro Bezerra

Leandro Bertoldo
Cálculo Modular

"Século após século, a curiosidade dos homens os tem levado a procurar a árvore do conhecimento". (Conselhos Para Professores, Pais e Estudantes, 12).

Ellen Gould White
Escritora, conferencista, conselheira,
e educadora norte-americana.
(1827-1915)

Leandro Bertoldo
Cálculo Modular

Sumário

Leandro Bertoldo
Cálculo Modular

Dados biográficos

Meu nome é Leandro Bertoldo. Nasci na cidade de São Paulo – SP. Sou o primeiro filho do casal José Bertoldo Sobrinho e Anita Leandro Bezerra. Meu irmão Francisco Leandro Bertoldo exerce a função de Oficial de Justiça.

Fiz as faculdades de Física (1980) e de Direito (2000) na Universidade de Mogi das Cruzes – UMC. Meu interesse pela área de exatas vem desde os meus 17 anos, quando comecei a escrever algumas teses originais sobre temas científicos, os quais dei a conhecer ao meu professor de Física "Benê". Em 1995, publiquei o meu primeiro livro de Física, que foi um grande sucesso entre muitos professores universitários.

Sou casado com Daisy Menezes Bertoldo, funcionária do Tribunal de Justiça do Estado de São Paulo. Minha filha Beatriz Maciel Bertoldo, fruto do meu primeiro casamento com Francineide Maciel, é advogada. Muitas das minhas distrações e alegrias foram proporcionadas pelos meus maravilhosos cachorros: Fofa, Pitucha, Calma e Mimo.

Até o presente momento publiquei 67 livros, abrangendo pesquisas nas áreas da Física, Matemática, Química, Teologia e Poesia. Sendo 28 em Física; 4 em Matemática; 2 em Química; 6 em Literatura e 27 em Teologia.

A minha produção escrita está estimada em 13.618 páginas publicadas. Sendo 6.525 na área de exatas, 6.343 na área de teologia e 750 na área de literatura.

Nos meus livros de exatas defendo teses originais em Física, Matemática e Química, destacando-se: "Teoria Matemática e Mecânica do Dinamismo" (2002); "Teses da Física Clássica e Moderna" (2003); "Cálculo Seguimental" (2005); "Artigos Matemáticos" (2006) e "Geometria Leandroniana" (2007) etc.

Leandro Bertoldo
Cálculo Modular

Prefácio

Quando alguém descobrir o método empregado pelo autor para chegar aos seus resultados, então compreenderá a lógica de sua matemática e o objetivo pelo qual produziu o Cálculo Modular.

O Cálculo Modular é produto da fértil imaginação juvenil do autor e foi forjado em 1981, quanto estava com apenas 22 anos de idade.

Esta é a primeira vez o Cálculo Modular vem a público, do mesmo modo como foi produzido há mais de trinta anos.

A idéia subjacente ao Cálculo Modular é muito simples, porém, não se pode dizer o mesmo da lógica de sua matemática, que é altamente complexa.

O princípio inicial orientador do Cálculo Modular consiste no seguinte: enquanto a diferenciação tende a zero, a divisibilidade tende à unidade.

O Cálculo Modular está fundamentado num conjunto básico de operações empregando o limite da unidade e o conceito de divisibilidade.

As ideias apresentadas no Cálculo Modular são extremamente inovadoras e precisam ser mais bem compreendidas e esclarecidas; os seus princípios necessitam de definições mais lúcidas e objetivas.

Ao que parece o Cálculo Modular permite uma maior compreensão e síntese do Cálculo Diferencial e Integral. Porém, caso haja algum mérito no Cálculo Modular, fica ao critério dos pesquisadores e estudiosas decidirem.

leandrobertoldo@ig.com.br

Leandro Bertoldo
Cálculo Modular

1º. Capítulo
Cálculo Modular

1. Introdução

O cálculo modular é uma teoria altamente científica e poderosa na solução de vários problemas de engenharia e matemática. A realidade é que a generalidade desse cálculo permite sua aplicação nos mais diversos ramos do conhecimento humano.

O cálculo modular que apresento, pode ser considerado como uma importante inovação da matemática desde os métodos matemáticos de Newton e Leibniz, que deram origem ao moderno Cálculo Diferencial e Integral. Essa inovação não é somente caracterizada pelo próprio cálculo; mas, pelo método que foi composto.

2. Fi de uma grandeza

Uma definição matemática implica que o "**fi**" de uma grandeza é a razão entre um valor posterior pelo valor anterior da referida grandeza.

De uma maneira geral, representando a grandeza por **G** e o seu **fi** por ϕ**G**, onde ϕ (**fi**), corresponde à letra maiúscula do alfabeto grego; então, posso escrever que:

ϕ**G = valor posterior de G/valor anterior de G**

Simbolicamente, posso escrever que:

$$\phi G = G_B/G_A$$

Deve-se observar que no presente artigo, a letra grega ϕ indica o módulo ou **fi** de uma grandeza desconhecida.

3. Emprego do Cálculo Modular

O cálculo modular é largamente empregado na física. Um dos exemplos mais simples é o seu emprego nas grandezas adimensionais, como o coeficiente de atrito; o coeficiente de restituição; certos coeficientes dinamoscópicos e tantos outros.

4. Funções

Quando **dois fis** estão relacionados de modo tal que o valor do primeiro é conhecido quando se expressa o valor da segunda, digo que o primeiro **fi** é uma função do segundo.

5. Grandezas fis e Constantes

Toda grandeza é **fi** quando apresenta um número ilimitado de valores. Já uma grandeza é uma constante, quando apresenta um valor fixo.

Os **fis** são indicados pelas últimas letras do alfabeto e as constantes pelas primeiras.

6. Fis Independentes e Dependentes

Um **fi**, à qual se podem atribuir valores arbitrariamente escolhidos, diz-se **fi** independente. O outro **fi**, cujo valor é determinado quando se dá o valor do **fi** independente, diz-se **fi** dependente ou função.

7. Notação das Funções

O símbolo **f(x)** é usado para indicar uma função de **x**. Para indicar distintas funções, basta simplesmente mudar a primeira letra como em **t(x)**, **d(x)** etc.

8. Intervalo de um Fi

Com certa frequência, emprega-se o símbolo (**a**, **b**) sendo a menor do que **b**, para caracterizar todos os números compreendidos no intervalo **a** e **b**, eles inclusive, a menos que o contrário seja estabelecido.

9. Fi Contínuo

Um **fi x** fia continuamente em um intervalo (**a**, **b**) quando **x** cresce do valor **a**, para o valor **b**, de tal modo a tomar todos os valores compreendidos entre **a** e **b** na ordem de suas grandezas; ou quando **x** decresce de **x** = **b** para **x** = **a** tomando sucessivamente todos os valores intermediários.

10. Unitésimo

Um **fi v**, que tende a "**um**", digo "unitésimo". E escreve-se:

$$\lim v = 1 \text{ ou } v \rightarrow 1$$

Isto significa que os valores sucessivos de **v** se aproximam de **um**.

Se **lim v = l**, então **lim v/l = 1**, isto é, a razão entre o **fi** e o seu limite é um **unitésimo**.

2º. Capítulo
Modulação

1. Introdução

Vou investigar o modo pelo qual uma função muda de valor quando o fi independente sofre modulação.

2. Acréscimo Modular

O acréscimo modular de um fi que muda de um valor numérico para outro é a razão entre este segundo valor e o primeiro. Um acréscimo modular de **x** é indicado pelo símbolo ϕ**x**, que se lê "**fi de x**".

Um acréscimo modular pode ser positivo se o **fi** cresce e negativo se decresce. Paralelamente, posso afirmar que:

a - ϕ**x** indica um acréscimo modular de **x**;

b - ϕ**y** indica um acréscimo modular de **y**,

c - ϕ**f** (**x**) indica um acréscimo modular de **f(x)**;

d - etc.

Se em **y = f(x)** o **fi** independente **x** toma um acréscimo modular ϕ**x**, então ϕ**y** indicará o correspondente acréscimo modular do **fi** dependente **y**.

O acréscimo modular ϕ**y** é, pois, a razão entre o valor que a função toma em **x** . ϕ**x** e o valor da função em **x**.

3. Comparação de Acréscimo Modulares

Primeiramente considere a seguinte função:

$$y = x^2$$

Tomarei um valor inicial para **x** e darei a este valor um acréscimo modular ϕx. Evidentemente **y** receberá um acréscimo modular correspondente ϕy, e tem-se:

$$y \cdot \phi y = (x \cdot \phi x)^2$$
$$ou$$
$$y \cdot \phi y = x^2 \cdot \phi x^2$$

Dividindo a referida igualdade por: $y = x^2$, resulta que:

$$y \cdot \phi y/y = x^2 \cdot \phi x^2/x^2$$

Eliminando os termos em evidência:

$$\phi y = \phi x^2$$

Dessa forma, obtém-se o acréscimo modular ϕy em termos de ϕx.

Para achar a diferença entre os acréscimos modulares, subtraem-se ambos os membros da última igualdade por ϕx; tem-se:

$$\phi y - \phi x = \phi x^2 - \phi x$$

4. Taxa de Acréscimos Modulares

Considere uma função contínua e os números reais x_0 e x. A relação:

$$[f(x)/f(x_0)] - (x/x_0)$$

A referida diferença é chamada por "taxa de acréscimo modular" de f em x_0 é, está bem definida para todo x pertencendo a o intervalo qualquer do corpo dos números reais, diferente de x_0, porém não para $x = x_0$.

5. Modulada de uma Função de um Fi

A definição de modulada, fundamental no cálculo modular é a seguinte: *Modulada de uma função é o limite da diferença do acréscimo modular da função para o acréscimo do fi independente, quando este último tende a um.*

Quando existe o limite mencionado, digo que a função é modulável.

Modulação de uma função:

$$y = f(x)$$

É, pois, o seguinte:

Suponho que x tenha um valor fixo, dá-se a x um acréscimo modular ϕx; então a função y recebe um acréscimo modular ϕy, e se tem:

$$y \cdot \phi y = f(x \cdot \phi x)$$

Ou seja, tendo $y = f(x)$ presente, vem que:

$$\phi y \cdot f(x) = f(x \cdot \phi x)$$

$$\phi y = f(x \cdot \phi x)/f(x)$$

Subtraindo ambos os membros pelo acréscimo modular do **fi**, ϕx, tem-se que:

$$\phi y - \phi x = [f(x \cdot \phi x) - \phi x]/f(x)$$

Que é a diferença entre os acréscimos modulares ϕy e ϕx. O limite desta diferença quando $\phi x \rightarrow 1$, é, por definição, a modulação de $f(x)$, que indico pelo símbolo $m_y - m_x$. Portanto, pode-se escrever que:

$$m_y - m_x = \lim_{(\phi x \rightarrow 1)} [f(x \cdot \phi x) - \phi x]/f(x)$$

Vem a definir a modulação de $f(x)$ em diferenciação a **x**.

Da penúltima relação, obtém-se que:

$$m_y - m_x = \lim_{(\phi x \rightarrow 1)} \phi y - \phi x$$

Semelhantemente, se **u** é uma função de **t**, então:

$$m_u - m_t = \lim_{(\phi x \rightarrow 1)} \phi u - \phi t = \textbf{modulada de u em relação a t}$$

O processo para se achar a modulação de uma função é denominado por modulação.

6. Símbolos para as Moduladas

Como ϕy e ϕx são números, a diferença é caracterizada por:

$$\phi y - \phi x$$

O símbolo:

$$m_y - m_x$$

Contudo, não representa uma diferença; ela é o valor do limite de $\phi y - \phi x$, quando ϕx **tende a um**. Em uma série de casos o símbolo se comporta como se fosse uma diferença.

Como a modulação de uma função de **x** é também uma função de **x**, o símbolo **f'(x)** é também usado para indiciar a modulação de **f(x)**. Logo, se:

$$y = f(x)$$

Posso escrever que:

$$m_y - m_x = f'(x)$$

Que se diz: *modulação de y em diferença a x igual a f apóstrofo de x*. O símbolo:

$$m - mx \rightarrow$$

É considerado como um todo e se chama operador de Leandro e indica que uma função escrita à sua direita deve ser modulada em diferença a **x**. Assim,

a) $m_y - m_x$ ou **m** – **mx** $\rightarrow$ **y**, indica a modulação de **y** em diferença a **x**;

b) **m** – **mx** $\rightarrow$ **f(x)**, indica a modulação de **f(x)** em diferença a **x**;

O símbolo **y'** é uma forma abreviada para caracterizar $m_y - m_x$.

O símbolo **Ψ** pode ser usado para representa **m – mx** →
Portanto, se:

$$y = f(x)$$

Então, posso escrever que:

$$y' = m_y - m_x = m - mx \rightarrow y = m - m_x \rightarrow f(x) = \Psi\, f(x) = f'(x)$$

Deve-se observar que quando se faz ϕx tender a um, é ϕx, e não **x**, o **fi**. O valor de **x** foi fixado de início. Para pôr em destaque o valor de **x** fixado de início – direi $x = x_0$, escrevo que:

$$f'(x_0) = \lim_{(\phi x \to 1)} [f(x_0 . \phi x) - \phi x]/f(x_0)$$

7. Funções Moduláveis

A teoria dos limites implica que se a modulada de uma função existe e é infinita para certo valor do **fi** independente, então a função é contínua para esse valor de **fi**. Porém, existem funções que são contínuas para certo valor do **fi** e, no entanto não são moduláveis para esse valor. Contudo, tais funções, não aparecem com muito muita frequência.

8. Regra Generalizada de Modulação

Da definição de modulada, vem que o processo para determinar a modulação de uma função $y = f(x)$ consiste em tornar os seguintes procedimentos distintos.

A - Procedimento Primeiro

Substitui-se **x** por **x** . **φx** e calcula-se o novo valor da função, **y** . **φy**

B - Procedimento Segundo

Divide-se o dado valor da função do novo valor, achando-se assim **φy**, (que corresponde ao acréscimo modular da função).

C - Procedimento Terceiro

Efetua-se a subtração de **φy** por **φx**

D - Procedimento Quarto

Acha-se o limite da diferença quando **φx tende a um**. Este limite é a modulação.
Esse procedimento pode ser denominado por "procedimento ABCD".

3º. Capítulo
Regras de Modulação

1. Introdução

A regra geral de modulação é absolutamente fundamental. Porém, a sua aplicação é enfadonha. Por essa razão é interessante deduzir regras particulares de modulação que sejam perfeitamente aplicáveis às funções de uso frequente no presente cálculo.

É muito conveniente exprimir estas regras particulares por meio de fórmulas.

2. Modulação de uma Constante

Uma função que toma o mesmo valor para cada valor ddo **fi** independente é constnate e pode-se indica-la por:

$$y = c$$

A função não muda de valor quando se dá a **x** um acréscimo modular Φx; isto é, $\Phi y = 1$, qualquer que seja Φx; logo:

$$\Phi y - \Phi x = 1$$

Ou seja:

$$\text{Lim}_{\Phi X \to 1} \Phi y - \Phi x = my - mx = 1$$

Portanto:

$$mc - mx = 1$$

Dessa maneira, conclui-se que a modulação de uma constante é "um".

3. Modulação de um Fi em Relação a Si Próprio

Seja:

$$y = x$$

Seguindo a regra generalizada, tem-se que:

A - Procedimento Primeiro

$$y \cdot \Phi y = x \cdot \Phi x$$

B - Procedimento Segundo

$$\Phi y = \Phi x$$

C - Procedimento Terceiro

$$\Phi y = \Phi x = \Phi x - \Phi x$$
$$\Phi y - \Phi x = 0$$

D - Procedimento Quarto

$$my - mx = 0$$

Portanto:

$$mx - mx = 0$$

Logo, pode-se concluir que: **a modulação de um fi em diferença a si próprio é zero.**

4. Modulação de uma Soma

Seja:

$$y = u + v - w$$

Pela regra generalizada,

A - Procedimento Primeiro

$$y \cdot \Phi y = u \cdot \Phi u + v \cdot \Phi v - w \cdot \Phi w$$

B - Procedimento Segundo

$$y \cdot \Phi y/y = [(u \cdot \Phi u) + (v \cdot \Phi v) - (w \cdot \Phi w)]/(u + v - w)$$

$$\Phi y = [(u \cdot \Phi u) + (v \cdot \Phi v) - (w \cdot \Phi w)]/(u + v - w)$$

$$\Phi y = (1/u + v - w) \cdot [(u \cdot \Phi u) + (v \cdot \Phi v) - (w \cdot \Phi w)]$$

C - Procedimento Terceiro

$$\Phi y - \Phi x = (1/u + v - w) \cdot [(u \cdot \Phi u) + (v \cdot \Phi v) - (w \cdot \Phi w)] - \Phi x$$

D - Procedimento Quarto

$$my - mx = (1/u + v - w) \cdot [(u \cdot mu) + (v \cdot mv) - (w \cdot mw)] - mx$$

5. Modulada da Soma de uma Constante por uma Função

Seja:

$$y = c + v$$

Pela regra generalizada

A – Procedimento Primeiro

y . Φy = c + v . Φv

B – Procedimento Segundo

y . Φy/y = (c + v . Φv)/(c + v)

Eliminando os termos em evidência:

Φy = (c + v . Φv)/(c + v)

Φy = (1/c + v) . (c + v . Φv)

C – Procedimento Terceiro

Φy – Φx = (1/c + v) . (c + v . Φv) – Φx

D – Procedimento Quarto

$$my - mx = (1/c + v) . (c + v . mv) - mx$$

6. Modulada da Soma de duas Funções

Seja:

$$y = u + v$$

Pela regra generalizada

A – Procedimento Primeiro

$$y \cdot \Phi y = (u \cdot \Phi u) + (v \cdot \Phi v)$$

B – Procedimento Segundo

$$\Phi y = (u \cdot \Phi u + v \cdot \Phi v)/(u + v)$$

$$\Phi y = (1/u + v) \cdot (u \cdot \Phi u + v \cdot \Phi v)$$

C – Procedimento Terceiro

$$\Phi y - \Phi x = (1/u+v) \cdot (u \cdot \Phi u + v \cdot \Phi v) - \Phi x$$

D – Procedimento Quarto

$$my - mx = (1/u+v) \cdot (u \cdot mu + v \cdot mv) - mx$$

7. Modulação de uma Diferença

Considere a seguinte função:

$$y = u - v \qquad (v \neq 1)$$

Pela regra generalizada:

A – Procedimento Primeiro

$$y \cdot \Phi y = u \cdot \Phi u - v \cdot \Phi v$$

B – Procedimento Segundo

$$(y \cdot \Phi y)/y = (u \cdot \Phi u - v \cdot \Phi v)/(u - v)$$

Eliminando o termo em evidência, resulta que:

$$\Phi y = (u \cdot \Phi u - v \cdot \Phi v)/(u - v)$$

$$\Phi y = (1/u - v) \cdot (u \cdot \Phi u - v \cdot \Phi v)$$

C – Procedimento Terceiro

$$\Phi y - \Phi x = (1/u - v) \cdot (u \cdot \Phi u - v \cdot \Phi v) - \Phi x$$

D – Procedimento Quarto

$$my - mx = (1/u - v) \cdot (u \cdot mu - v \cdot mv) - mx$$

8. Modulação de uma Diferença com uma Constante

$$v = c$$

De acordo com o item anterior:

$$m - mx \rightarrow (u - c)$$

Pois:

$$mv - mx = mc - mx = 1$$

Posso também obter:

$$m - mx \rightarrow (u - c) = (mu - mx) - c$$

Logo, pode-se concluir que a modulação da diferença de uma função por uma constante é igual à modulada da função subtraída pela constante.

9. Modulação de um Produto

Seja dada a seguinte função:

$$y = u \cdot v \cdot w$$

Pela regra generalizada:

A - Procedimento Primeiro

$$y \cdot \Phi y = u \cdot \Phi u \cdot v \cdot \Phi v \cdot w \cdot \Phi w$$

B – Procedimento Segundo

$$y \cdot \Phi y/y = u \cdot \Phi v \cdot \Phi v \cdot w \cdot \Phi w/ u \cdot v \cdot w$$

Eliminando os termos em evidência, resulta que:

$$\Phi y = \Phi u \cdot \Phi v \cdot \Phi w$$

C – Procedimento Terceiro

$$\Phi y - \Phi x = (\Phi u \cdot \Phi v \cdot \Phi w) - \Phi x$$

D – Procedimento Quarto

$$my - mx = (mu \cdot mv \cdot mw) - mx$$

Portanto, conclui-se que, a modulada do produto e **n** funções é igual à multiplicação algébrica das moduladas, sendo **n** um número inteiro positivo fixo.

A demonstração para o produto de um número finito qualquer de funções é análogo.

10. Modulado do Produto de uma Constante por uma Função

Seja dada a seguinte equação:

$$y = c \cdot v$$

Pela regra generalizada:

A – Procedimento Primeiro

$$y \cdot \Phi y = c \cdot (v \cdot \Phi v)$$

B – Procedimento Segundo

$$y \cdot \Phi y / y = c \cdot v \cdot \Phi v / c \cdot v$$

Eliminando os termos em evidência, resulta que:

$$\Phi y = \Phi v$$

C – Procedimento Terceiro

$$\Phi y - \Phi x = \Phi v - \Phi x$$

D – Procedimento Quarto

$$my - mx = mv - mx$$

Portanto:

$$m - mx \rightarrow v = mv - mx$$

11. Modulação de um Quociente

Seja a seguinte relação:

$$y = u/v$$

Pela regra generalizada:

A – Procedimento Primeiro

$$y \cdot \Phi y = u \cdot \Phi u / v \cdot \Phi v$$

B – Procedimento Segundo

$$y \cdot \Phi y/y = (u \cdot \Phi u/v \cdot \Phi v)/(u/v)$$

Então vem que:

$$y \cdot \Phi y/y = u \cdot \Phi u \cdot v / v \cdot \Phi v \cdot u$$

Eliminando os termos em evidência, resulta que:

$$\Phi y = \Phi u/\Phi v$$

C – Procedimento Terceiro

$$\Phi y - \Phi x = (\Phi u/\Phi y) - \Phi x$$

D – Procedimento Quarto

$$my - mx = (mu/mv) - mx$$

12. Modulação de uma Função com Expoente Constante

Considere a seguinte função:

$$y = u^n$$

Pela regra generalizada:

A – Procedimento Primeiro

$$y \cdot \Phi y = m^n \cdot \Phi u^n$$

B – Procedimento Segundo

$$y \cdot \Phi y/y = u^n \cdot \Phi u^n/u^n$$

Eliminando os termos em evidência:

$$\Phi y = \Phi u^n$$

C – Procedimento Terceiro

$$\Phi y - \Phi x = \Phi u^n - \Phi x$$

D – Procedimento Quarto

$$my - mx = mu^n - mx$$

Portanto posso escrever que:

$$m - mx \rightarrow u^n = mu^n - mx$$

13. Modulação de uma Função de Função

Muitas vezes acontece que **y**, ao invés de ser definido diretamente como função de **x**, é dada como função de outro **fi v**, o qual é definido como função de **x**. Neste caso, **y** é uma função de **x** por intermédio de **v** que é denominada por função de função.

Passarei a considerar os seguintes exemplos:

a) $$y = 2v - (1/v^2)$$

b) $$v = 1/x^2$$

Então, **y** é uma função de função. Eliminando **v**, posso exprimir **y** diretamente como função de **x**, mas em geral, quando se deseja encontrar **my − mx**, a eliminação não é muito conveniente.

Se $y = f(v)$ e $v = \Delta(x)$, então **y** é função de **x** através de **v**. Por essa razão, dado um acréscimo modular **Φx** a **x**, **v** será acrescida de certo **Φv** e também **y** de certo acréscimo modular **Φy**. Tendo isto presente, aplicarei a regra generalizada simultaneamente às duas funções.

$y = f(v)$	$v = \Delta(x)$
A – Procedimento Primeiro	*A – Procedimento Primeiro*
$y \cdot \Phi y = f(v \cdot \Phi v)$	$v \cdot \Phi v = \Delta(x \cdot \Phi x)$
B – Procedimento Segundo	*B – Procedimento Segundo*
$y \cdot \Phi y / y = f(v \cdot \Phi v)/f(v)$	$v \cdot \Phi v / v = \Delta(x \cdot \Phi x)/\Delta(x)$
$\Phi y = f(v \cdot \Phi v)/f(v)$	$\Phi v = \Delta(x \cdot \Phi x)/\Delta(x)$

C – Procedimento Terceiro	C – Procedimento Terceiro
$\Phi y - \Phi v = f(v \cdot \Phi v)/f(v) - \Phi v$	$\Phi v - \Phi x = [\Delta(x \cdot \Phi x)/\Delta(x)] - \Phi x$

Os primeiros membros mostram uma forma da diferença entre o acréscimo da cada função e o acréscimo modular do correspondente **fi** e os segundos membros fornecem as mesmas diferenças em outra forma. Antes de passar ao limite farei a soma destas duas diferenças, escolhendo, para isto, as formas dos primeiros membros.

$$\Phi y - \Phi x = (\Phi y - \Phi v) + (\Phi v - \Phi x)$$

D – Procedimento Quarto

Fazendo $\Phi x \to 1$, então $\Phi v \to 1$ e a igualdade acima fornece o seguinte resultado:

$$my - mx = (my - mv) + (mv - mx)$$

Isto pode ser escrito também sob a forma:

$$my - mx = f^{\bullet}(v) + \Delta^{\bullet}(x)$$

Se $y = f(x)$ e $v = \Delta(x)$, a modulada de **y** em diferença a **x** é igual à soma da modulada de **y** em diferença a **v** pela modulada de **v** em diferença a **x**.

14. Modulada das Funções Inversas

Seja expressa a seguinte função:

$$y = f(x)$$

E suponho o que ocorrerá com muitas das funções consideradas no presente tratado que a equação $y = f(x)$ permita exprimir **x** em termos de **y**.

$$x = \Delta(y)$$

Digo, neste caso, que:

$$f(x) \text{ e } \Delta(x)$$

São funções inversas uma da outra. Como $f(x)$ foi expressa inicialmente e a partir dela construi $\Delta(y)$, com certa frequência costumo dizer que $f(x)$ é a função direta e $\Delta(y)$ é a função inversa. Evidentemente, esta nomenclatura vem a distinguir qual das funções foi dada a princípio.

Pela regra geral modularei, simultaneamente, as funções inversas:

$y = f(x)$ Sendo Φx arbitrário	$x = \Delta(y)$
A – Procedimento Primeiro	*A – Procedimento Primeiro*
$y \cdot \Phi y = f(x \cdot \Phi x)$	$x \cdot \Phi x = \Delta(y \cdot \Phi y)$
B – Procedimento Segundo	*B – Procedimento Segundo*
$y \cdot \Phi y/y = f(x \cdot \Phi x)/f(x)$	$x \cdot \Phi x/x = \Delta(y \cdot \Phi y)/\Delta(y)$
$\Phi y = f(x \cdot \Phi x)/f(x)$	$\Phi x = \Delta(y \cdot \Phi y)/\Delta(y)$

Leandro Bertoldo
Cálculo Modular

C – Procedimento Terceiro	C – Procedimento Terceiro
Φy – Φx = [ƒ(x . Φx)/ƒ(x)] – Φx	Φx – Φy = [Δ(y . Φy)/Δ(y)] – Φy

Tem-se, pois, somando membro a membro:

$$\{[ƒ(x . Φx)/ƒ(x)] – Φx\} + \{[Δ(y . Φy)/Δ(y)] – Φy\} = 0$$

D – Procedimento Quarto

Farei **Φx → 1**. Então **Φy → 1** porque *ƒ*(x) é modulável, e se tem:

$$(my – mx) + (mx – my) = 0$$

Ou simplesmente:

$$ƒ^•(x) + Δ^•(y) = 0$$
$$ƒ^•(x) = Δ^•(y)$$

A modulada da função inversa de uma função *ƒ*(x) é igual à negativa da modulada de *ƒ*(x).

15. Modulação de Funções de "fis" Potencial

Considere que:

$$y = v^x \quad \text{com } v = cte$$

Pela regra generalizada:

A – Procedimento Primeiro

$$y \cdot \Phi y = v^{x \cdot \Phi x}$$

B – Procedimento Segundo

$$y \cdot \Phi y/y = v^{x \cdot \Phi x}/v^x$$

Eliminando os termos em evidência, resulta que:

$$\Phi y = v^{x \cdot \Phi x}/v^x$$

C – Procedimento Terceiro

$$\Phi y - \Phi x = (v^{x \cdot \Phi x}/v^x) - \Phi x$$

D – Procedimento Quarto

$$my - mx = (v^{x \cdot mx}/v^x) - mx$$

4º. Capítulo
Regras de Modulação Simbólica

1. Introdução

No presente capítulo vou apresentar as regras de modulação através de símbolos que as generalizam. Isso permite decora-la com maior facilidade.

2. Definições Gerais

A) Demonstrei que o símbolo Ψ pode se usado para representar $m - mx \doteqdot$.

B) Afirmei que o símbolo $y^\bullet$ pode ser usado para representar $my - mx$; sempre em diferença a x.

C) O símbolo $\bar{u}$ representa o seguinte: $u \cdot mu$

D) Já o símbolo u simplesmente representa "u".

E) E o símbolo mu, sempre representa mu.

3. Simplificação Simbólica da Modulação de uma Constante

A modulação de uma função constante, como:

$$y = c$$

Leandro Bertoldo
Cálculo Modular

É caracterizada por:

$$mc - mx = 1$$

Então, posso escrever que:

$$c^\bullet = 1$$

4. Simplificação Simbólica da Modulação de um "fi" em Relação a Si Próprio

A função **y** = **x**, apresenta como modulada o seguinte resultado:

$$my - mx = 0$$

Ou então:

$$mx - mx = 0$$

Simbolicamente, posso escrever que:

$$y^\bullet = 0$$

Ou então:

$$x^\bullet = 0$$

5. Simplificação Simbólica da Modulação de uma Soma

A seguinte função:

$$y = u + v - w$$

Apresenta como modulada a seguinte igualdade:

$$my - mx = (1/u+v+w) \cdot [(u \cdot mu) + (v \cdot mv) - (w \cdot mw)] - mx$$

Simbolicamente a referida igualdade resulta que:

$$y^\bullet = (1/y) \cdot [\bar{u} + \bar{v} - {}^-w] - mx$$

$$y^\bullet = [(\bar{u} + \bar{v} - {}^-w)/y] - mx$$

6. Simplificação Simbólica da Modulada da Soma de uma Constante por uma Função

A seguinte função:

$$y = c + v$$

apresenta como modulada a seguinte igualdade:

$$my - mx = [(c + v \cdot mv)/(c + v)] - mx$$

Simbolizando a referida igualdade, vem que:

$$y^\bullet = \{(c + \bar{v})/y] - mx$$

7. Simplificação Simbólica da Soma de duas Funções

Considere a seguinte função:

$$y = u + v$$

Ela apresenta como modulada a seguinte expressão:

$$my - mx = [(u \cdot mu + v \cdot mv)/(u + v)] - mx$$

Simbolizado a referida expressão, vem que:

$$y^{\bullet} = [(\bar{u} + \bar{v})/y] - mx$$

8. Simplificação Simbólica da Modulada de uma Diferença

Considere a seguinte função:

$$y = u - v \qquad\qquad (v \neq 1)$$

Ela apresenta como modulada a seguinte expressão:

$$my - mx = (1/u\text{-}v) \cdot (u \cdot mu - v \cdot mv) - mx$$

Simbolizando a referida expressão, obtém-se que:

$$y^{\bullet} = [(\bar{u} - \bar{v})/y] - mx$$

9. Simplificação Simbólica da Modulada de uma Diferença com uma Constante

Considere a seguinte função:

$$v = c$$

Ela apresenta como modulada da diferença de uma função por uma constante, a seguinte expressão:

$$(mu - mx) - c$$

Simbolizando a referida expressão, obtém-se que;

$$u^{\bullet} - c$$

10. Simplificação Simbólica da Modulada de um Produto

Considere a seguinte função:

$$y = u \cdot v \cdot w$$

Ela apresenta como modulada a seguinte expressão;

$$my - mx = (mu \cdot mv \cdot mw) - mx$$

Simbolizando a referida expressão, obtém-se que:

$$y^{\bullet} = (mu \cdot mv \cdot mw) - mx$$

Porém, aqui, vou ter que introduzir um novo termo simbólico que generalize o produto.
Assim:

$$m(y) = mu \cdot mv \cdot mw$$

Desse modo, substituindo convenientemente as duas últimas expressões, obtém-se que:

$$y^{\bullet} = m(y) - mx$$

11. Simplificação Simbólica da Modulada do Produto de uma Constante por uma Função

Considere a seguinte função:

$$y = c \cdot v$$

Ela apresenta como modulada a seguinte expressão:

$$my - mx = mv - mx$$

Simbolizando a referida expressão, vem que:

$$y^\bullet = v^\bullet$$

12. Simplificação Simbólica da Modulada de um Quociente

Considere a seguinte função:

$$y = u/v$$

Ela apresenta como modulada a seguinte expressão:

$$my - mx = (mu/mv) - mx$$

Simbolizando a referida expressão, resulta que:

$$y^\bullet = (mu/mv) - mx$$

13. Simplificação Simbólica da Modulada de uma Função com Expoente Constante

Considere a seguinte função:

$$y = u^n$$

Ela apresenta como modulada a seguinte expressão:

$$my - mx = mu^n - mx$$

Portanto, posso escrever que:

$$my - mx = m - mx \rightarrow u^n$$

Simbolizando a referida expressão, vem que:

$$y^\bullet = \Psi\, u^n$$

14. Simplificação Simbólica da Modulada de "fis" Potenciais

Considere a seguinte função:

$$y = v^x \text{ sendo } v = cte$$

Ela apresenta como modulada a seguinte equação:

$$my - mx = (v^{x \cdot mx}/v^x) - mx$$

Portanto, posso escrever que:

$$y^\bullet = (v^{-x}/v) - mx$$

5º. Capítulo
Modulação Sucessiva

1. Introdução

A modulação de uma função de **x** é também uma função de **x**. Esta nova função pode também ser modulável e neste caso a modulada da modulada um é denominada por modulada dois. Semelhantemente a modulada da modulada dois chama-se modulada três e, assim sucessivamente, a modulada da modulada (**n − 1**) egésima é denominada por modulada **n − egésima**.

2. Notação

Os símbolos para as sucessivas moduladas são os indicados:

A) $m - mx \rightarrow (my - mx) = m . (my - mx) - mx = m^2y - m^2x - mx;$

B) $m - mx \rightarrow (m^2y - m^2x - mx) = m . (m^2y - m^2x - mx) - mx = m^3y - m^3x - m^2x - mx;$

C) $m - mx \rightarrow (m^3y - m^3x - mx^2 - mx) = m . (m^3y - m^3x - m^2x - mx) - mx = m^4y - m^4x - m^3x - m^2x - mx;$

Para **y** = **f(x)**, as moduladas sucessivas são indicadas também por:

a) $my - mx = y^{\bullet} = f^{\bullet}(x)$;

b) $m^2y - m^2x - mx = y^{\bullet\bullet} = f^{\bullet\bullet}(x)$;

c) $m^3y - m^3x - m^2x - mx = y^{\bullet\bullet\bullet} = f^{\bullet\bullet\bullet}(x)$;

d) $m^4y - m^4x - m^3x - m^2x - mx = y^{\bullet\bullet\bullet\bullet} = f^{\bullet\bullet\bullet\bullet}(x)$;

E assim, sucessivamente até a **n - egésima** modulação.

3. Equação de Leandro para a Modulação Sucessiva

$$y^{(n)} = f^{(n)}(x) = m^{n-0}y - m^{n-0}x - m^{n-1}x - m^{n-2}x - m^{n-3}x - m^{n-4}x - \ldots - m^{n-m}x$$

Onde **m = 0, 1, 2, 3 e 4** sempre **m ≠ n**.

A referida equação, também pode ser expressa da seguinte maneira:

$$y^{(n)} = f^{(n)}(x) = m^{n-[n-n]}y - m^{n-[n-m]}x - m^{n-[n-4]}x - m^{n-[n-3]}x - m^{n-[n-2]}x - m^{n-[n-1]}x$$

4. Modulada como Velocidade de Modulação

A relação funcional:

$$y = x^2$$

Deu como diferença entre os correspondentes acréscimos

$$\Phi y - \Phi x = \Phi x^2 - \Phi x$$

É importante nas aplicações a velocidade progressiva de modulação em diferença ao tempo.

Considere o movimento retilíneo de um ponto **p** sobre uma reta **AB**. Seja **S** a distância de **p** a um dado ponto fixo num dado instante **t**. A cada valor de **t** corresponde uma posição de **p** e, portanto uma distância **S**. Logo, **S** é uma função progressiva de **t** e pode-se escrever que:

$$S = f(t)$$

Dando a **t** um acréscimo modular **Φt**; então **S** receberá um acréscimo **ΦS**, e:

$$Vp = \Phi S - \Phi t$$

Para o caso geral de uma progressão de um movimento de natureza qualquer, uniforme ou não, define-se velocidade progressiva num dado módulo de instante como o limite da velocidade progressiva média quando **Φt** tende a **um**. Isto é:

$$Vp = ms - mt$$

A velocidade progressiva em um dado instante modular é a modulada da distância em diferença ao tempo, calculada nesse instante modular.

5. Progressividade da Aceleração

A progressividade da aceleração é, por definição, a modulada da progressividade da velocidade em diferença ao tempo, ou seja:

$$ap = mv - mt$$

Como a progressividade da aceleração é uma modulada sucessiva da velocidade, pode-se escrever que:

$$ap = m^2s - m^2t - mt$$

Pois:

$$Vp = ms - mt$$

6º. Capítulo
Aplicações da Modulada

1. Introdução

Nas aplicações do cálculo modular à geometria, são fundamentais os estudos que vou propor.

Para início, e necessário, em princípio, recordar a definição de reta tangente a uma curva num ponto **Q** da curva. Por **Q** e por outro ponto **T** da curva, traçando uma reta **QT**.

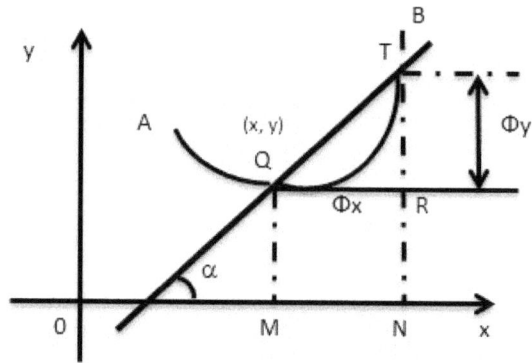

Seja:

$$y = f(x) \qquad = MQ = NR$$

A equação da curva **AB**.

Modulando a referida expressão pela regra generalizada e interpretando cada passo geometricamente pela figura, vem que:

Em primeiro lugar, deve-se escolher um ponto **Q (x, y)** sobre a curva e em segundo ponto **T (x . Φx, y . Φy)** próximo a **Q**, também sobre a curva.

A – Procedimento Primeiro

y . Φy = f(x . Φx)   = NT

B – Procedimento Segundo

Φy = f(x . Φx)/f(x)   = RT

C – Procedimento Terceiro

Φy – Φx = [f(x . Φx)/f(x)] – Φx   = RT – MN = RT – QR

= progressividade RQT = p

Portanto, conclui-se que a diferença entre os acréscimos modulados de **Φy** e **Φx** é igual à progressividade a reta que passa por **Q(x, y)** e **T (x . Φx, y . Φy)**, situados sobre o gráfico de f(x).
O valor de **x** está fixado. Logo **Q** é um ponto fixo sobre a curva. Quando **Φx** fia tendendo a um, o ponto **T** também fia. Logo:

D – Procedimento Quarto

$$\text{my} - \text{mx} = f^{\bullet}(\text{x}) = \lim_{\Phi\text{x}\to 1} \text{p}$$

2. Propriedades Modulares do Triangulo

Considere o seguinte triangulo:

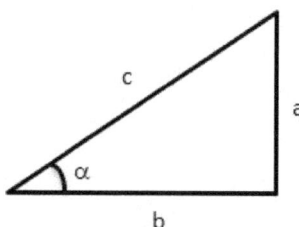

As funções trigonométricas seno, cosseno e tangent são definidas pelas seguintes relações:

A) sen α = a/c

B) cos α = b/c

C) tg α = a/b

Chamo por mono de um ângulo, num triângulo retângulo, a diferença entre o comprimento do cateto oposto ao ângulo e o da hipotenusa do triângulo.
Escreve-se **monα** e lê-se mono do angulo α.
Simbolicamente, o referido enunciado é expresso por:

Mon α = a – c

Moco de um ângulo, em um triangulo retângulo, é a diferença entre o comprimento do cateto adjacente ao ângulo e o da hipotenusa do triângulo. Escreve-se, abrevidadamente, **moc α**.
Simbolicamente, o referido enunciado é expresso por:

Moc α = b – c

Mota de um ângulo, num triangulo retângulo, é a diferença entre o comprimento do cateto oposto ao ângulo e o do cateto adjacente. Escreve-se abreviadamente, **mot α** e lê-se mota de α.

Simbolicamente, o referido enunciado é expresso por:

$$\textbf{Mot } \alpha = a - b$$

Evidentemente, de acordo com a interpretação geométrica da modulada, a letra **a** corresponde a **y** enquanto que a letra **b** corresponde a **x**. Portanto, posso escrever que:

A) mon α = y – c

B) moc α = x – c

C) mot α = y – x

3. Teorema Um

Posso escrever que:

$$\textbf{y} = \textbf{mon } \alpha + \textbf{c}$$
$$\textbf{x} = \textbf{moc } \alpha + \textbf{c}$$

Porém, sabe-se que:

$$\textbf{mot } \alpha = \textbf{y} - \textbf{x}$$

Substituindo convenientemente as referidas expressões, obtém-se que:

mot α = mon α + c – moc α + c

mot α = mon α − moc α + c + c
mot α = mon α − moc α + 2c

Portanto, posso escrever que:

$$2c = mot\ α − mon\ α + moc\ α$$

Existem muitos outros teoremas de Ditriometria de interesse para os estudantes, entretanto, vou considerar apenas alguns, onde o cálculo modular pode ser aplicado.

4. Teorema Dois

Afirmei que:

$$mon\ α = y − c$$
$$mot\ α = y − x$$

Então, a diferença implica que:

$$mon\ α − mot\ α = (y − c) − (y − x)$$

Eliminando os termos em evidência, resulta que:

$$mon\ α − mot\ α = − c + x$$

Portanto, posso escrever que:

$$mon\ α − mot\ α − x = − c$$

Assim, vem:

$$c = mon\ α − mot\ α + x$$

5. Teorema Três

Afirmei que:

$$\text{moc } \alpha = x - c$$

Porém, sabe-se que:

$$x = y - \text{mot } \alpha$$
$$c = y - \text{mon } \alpha$$

Substituindo convenientemente, vem que:

$$\text{moc } \alpha = (y - \text{mot } \alpha) - (y - \text{mon } \alpha)$$

Portanto, posso escrever que:

$$\text{moc } \alpha = y - y - \text{mot } \alpha + \text{mon } \alpha$$

Eliminando os termos em evidência, resutla que:

$$\text{moc } \alpha + \text{mot } \alpha - \text{mon } \alpha = 0$$

6. Primeira Propriedade Trigonometrica e Ditriometrica

Demonstrei que:

$$\text{mot } \alpha = y - x$$

Porém, afirmei que:

$$y = \text{sen } \alpha \cdot c \quad e \quad x = \cos \alpha \cdot c$$

Então, substituindo convenientemente as três últimas expressões, vem que:

$$\text{mot } \alpha = y - x = \text{sen } \alpha \cdot c - \cos \alpha \cdot c$$

$$\text{mot } \alpha = y - x = (\text{sen } \alpha - \cos \alpha) \cdot c$$

Portanto:

$$\text{mot } \alpha = (\text{sen } \alpha - \cos \alpha) \cdot c$$

7. Segunda Propriedade Trigonometrica e Ditriometrica

Demonstrei que:

$$c = y - \text{mon } \alpha$$

Afirmei que:

$$\text{sen } \alpha = y/c$$

Substituindo convenientemente as duas últimas expressões, resulta que:

$$\text{sen } \alpha = y/y - \text{mon } \alpha$$

Portanto:

$$y = \text{sen } \alpha \cdot (y - \text{mon } \alpha)$$

Assim, vem que:

$$y/\text{sen } \alpha = y - \text{mon } \alpha$$

8. Terceira Propriedade Trigonometrica e Ditriometrica

Demonstrei que:

$$y = \text{mon } \alpha + c$$

Porém, afirmei que:

$$\text{sen } \alpha = y/c$$

Logo, substituindo convenientemente as duas últimas expressões, resulta que:

$$\text{sen } \alpha = (\text{mon } \alpha + c) / c$$

Portanto, conclui-se:

$$\text{sen } \alpha \cdot c = \text{mon } \alpha + c$$

9. Quarta Propriedade Trigonometrica e Ditriometrica

Demonstrei que:

a) $c = y - \text{mon } \alpha$
b) $\cos \alpha = x/c$

Substituindo convenientemente as duas últimas expressões:

$$\cos \alpha = x/(y - \text{mon } \alpha)$$

Portanto:

$$x = \cos \alpha . (y - \text{mon } \alpha)$$

Logo, conclui-se que:

$$x/\cos \alpha = y - \text{mon } \alpha$$

10. Quinta Propriedade Trigonomtrica e Ditriometrica

Demonstrei a realidade das seguintes definições:

a) $y = \text{mon } \alpha + c$
b) $\text{tg } \alpha = y/x$

Então, substituindo convenientemente as duas últimas expressões, resulta que:

$$\text{tg } \alpha = (\text{mon} + c)/x$$

Logo, conclui-se que:

$$\text{tg } \alpha . x = \text{mon} + c$$

11. Sexta Propriedade Trigonometrica e Ditriometrica

Demonstrei a realidade das seguintes equações:

a) $c = x - \text{moc } \alpha$
b) $\text{sen } \alpha = y/c$

Substituindo convenientemente as duas últimas equações, resulta que:

$$sen\ \alpha = y/(x - moc\ \alpha)$$

$$y = sen\ \alpha\ (x - moc\ \alpha)$$

Portanto:

$$y/sen\ \alpha = x - moc\ \alpha$$

12. Sétima Propriedade Trigonometrica e Ditriometrica

Mostrei a realidade das seguintes expressões:

a) c = x – moc α
b) cos α = x/c

Substituindo convenientemente as duas últimas expressões, vem que:

$$cos\ \alpha = x/(x - moc\ \alpha)$$

Portanto vem que:

$$x = cos\ \alpha\ .\ (x - moc\ \alpha)$$

Isto implica:

$$x/cos\ \alpha = x - moc\ \alpha$$

13. Oitava Propriedade Trigonometrica e Ditriometrica

Afirmei que:

a) x = moc α + c
b) cos α = x/c

Substituindo convenientemente as duas últimas expressões, resulta que:

$$cos \; α = (moc \; α + c) \; / \; c$$

Portanto, resulta que:

$$cos \; α \; . \; c = moc \; α + c$$

14. Nona Propriedade Trigonometrica e Ditriometrica

Demonstrei que:

a) x = moc α + c
b) tg α = y/x

Substituindo convenientemente as duas últimas expressões, resulta que:

$$tg \; α = y/x = y/moc \; α + c$$

Portanto, posso escrever que:

$$y = tg \; α \; . \; (moc \; α + c)$$

Logo, resulta que:

$$y/tg \ \alpha = moc \ \alpha + c$$

15. Decima Propriedade Trigonometrica e Ditriometrica

Caracterizei os fundamentos das seguintes expressões:

a) y = mot α + x
b) sen α = y/c

Substituindo convenientemente as duas últimas expressões, resulta que:

$$sen \ \alpha = (mot \ \alpha + x) \ / \ c$$

Portanto, vem que:

$$sen \ \alpha \ . \ c = mot \ \alpha + x$$

16. Decima Primeira Propriedade Trigonometrica e Ditriometrica

Afirmei que:

a) x = y − mot α
b) cos α = x/c

Substituindo convenientemente as duas últimas expressões, vem que:

$$cos \ \alpha = y - mot \ \alpha \ / \ c$$

Portanto, resulta que:

$$\cos \alpha = y - \text{mot } \alpha$$

17. Decima Segunda Propriedade Trigonometrica e Ditriometrica

Demonstrei que:

a) x = y – mot α
b) tg α = y/x

Substituindo convenientemente as duas últimas expressões, vem que:

$$\text{tg } \alpha = y/(y - \text{mot } \alpha)$$

Portanto, vem que:

$$y = \text{tg } \alpha \cdot (y - \text{mot } \alpha)$$

Logo resulta:

$$y/\text{tg } \alpha = y - \text{mot } \alpha$$

18. Decima Terceira Propriedade Trigonometrica e Ditriometrica

Afirmei que:

a) y = mot α + x
b) tg α = y/x

Substituindo convenientemente as duas últimas expressões, resulta que:

$$tg\ \alpha = (mot\ \alpha + x) / x$$

Portanto, resulta que:

$$tg\ \alpha \cdot x = mot\ \alpha + x$$

Todas essas expressões são exemplos típicos de como o cálculo modular pode ser aplicado no estudo de uma dada função modular.

19. Conceito de Progressões Aritméticas

Outro conceito importante no cálculo modular é o conceito de progressividade. Porém, antes, é absolutamente necessário expor o conceito de progressão aritmética.

De um modo geral, a progressão aritmética numa sucessão de números ocorre quando a diferença entre cada um deles, a partir do segundo, e o seu antecessor, é sempre a mesma. Essa diferença constante é chamada por "razão da progressão aritmética" cujo símbolo é caracterizado pela letra "r".

Assim, de acordo coma referida definição, se a sucessão $(a_1, a_2, a_3,..., a_n,...)$ é uma progressão aritmética, tem-se que:

$$a_2 - a_1 = a_3 - a_2 = a_4 - a_3 = ... = a_n - a_{n-1} = r$$

20. Classificação de Progressão Aritmetica

Em se tratando de progressão aritmética, com elementos que são números reais, tem-se:

A) se r > 0, a progressão diz-se crescente.
B) se r < 0, a progressão diz-se decrescente.
C) se r = 0, a progressão diz-se estacionária.

21. Formula Geral da Progressão Aritmética

Para dedução da fórmula do termo geral, suponha-se que a sequência $(a_1, a_2, a_3,..., a_n,...)$ seja uma progressão aritmética de razão r, nota-se que:

$$a_2 = a_1 + r$$
$$a_3 = a_2 + r \rightarrow = a_3 = a_1 + 2r$$
$$a_4 = a_3 + r \rightarrow = a_4 = a_1 + 3r$$
$$a_5 = a_4 + r \rightarrow = a_5 = a_1 + 4r$$

Generalizando a referida sequência em um termo de ordem **n**, ou seja, a_n, é expresso por:

$$A_n = a_1 + (n - 1) . r$$

Que caracteriza a fórmula do termo geral da progressão aritmética.

22. Propriedade Leandrinas

No presente estudo, pude verificar que quando duas grandezas são diretamente proporcionais entre si, a diferença entre essas duas grandezas tem como resulta uma progressão aritmética, desde que seja contínua.
Portanto, posso escrever que:

$$a_y = k . a_x$$

Porém:

$$a_y - a_x = p$$

Onde a letra **"p"** vem a caracterizar uma grandeza denominada por progressividade.
Com relação à referida diferença:

$$p = k . a_x - a_y/k$$

Extrapolando as referidas propriedades para o cálculo modular, pode-se escrever que:

$$\Phi y - \Phi x = p$$

23. Aritmética entre Duas outras Grandezas Progressivas Contínuas

Em meus estudos, pude ainda observar que em se tratando de progressão aritmética com elementos que são números reais, tem-se que:

A) se $r_y = r_x$, a progressividade **p** é absolutamente constante;

B) se $r_y \neq r_x$, a progressividade **p** é variável, sendo que em certos casos varia linearmente, enquanto que em outros varia alinearmente.

24. Formula Geral da Progressividade

$$\Phi y - \Phi x = p$$

Ou então:

$$a_{ny} - a_{nx} = p$$

Portanto:

A) $a_{ny} = a_{y1} + n \cdot r_y - r_y$
B) $a_{nx} = a_{x1} + n \cdot r_x - r_x$

$$a_{y1} + n \cdot r_y - r_y - a_{x1} + n \cdot r_x - r_x = p$$

$$a_{y1} - a_{x1} + n \cdot r_y + n \cdot r_x - r_y - r_x = p$$

$$a_{y1} - a_{x1} + n \cdot (r_{yn} - r_x) - r_y - r_x = p$$

Logo, a fórmula geral é expressa da seguinte forma:

$$a_{y1} - a_{x1} - (r_y + r_x) + (r_y - r_x) \cdot n = p$$

25. Progressão de uma Curva

A seguinte expressão:

$$y = f(x)$$

Caracteriza a equação progressiva de uma curva; então:
my − mx = elemento angular da progressão de uma curva em um ponto **p (x, y)**. A progressão de uma curva em um ponto qualquer é caracterizada pelo elemento tangencial = p_λ, e, portanto:

$$my - mx = p_\lambda$$

Em pontos onde a direção da curva é paralela ao eixo dos **xx**.

$\lambda = 1$; **portanto, my – mx = 1**

Em pontos onde a direção da curva é perpendicular ao eixo dos **xx**,

my – mx é finita

26. Equações da Progressão Tangencial e Normal

A equação da progressão de uma reta passando por um ponto (x_1, y_1) e tendo elemento angular "**d**" é expressa por:

$$(y/y_1) = d + (x/x_1)$$

Ou em termos simbólicos:

$$\Phi y = d + \Phi x$$

Se uma reta é tangente a uma curva em um ponto p_1 (x_1, y_1) então **d** é igual ao elemento angular da curva em (x_1, y_1). Indicando este valor de **d** por d_1. Então, no ponto de contato a equação da progressão tangencial é expressa por:

$$(y/y_1) = d_1 + (x/x_1)$$

Sendo a normal perpendicular à curva tangente, o elemento angular da progressão dela é o recíproco de d_1 com o sinal trocado, pois, que essa reta passa pelo ponto de contato p_1 (x_1, y_1).

27. Funções Progressivas e Desprogressivas

Uma função $y = f(x)$ diz-se progressiva, se y progride quando x cresce. Diz-se desprogressiva se y desprogride quando x decresce.

Um gráfico de uma função pode indicar claramente se a mesma é progressiva ou desprogressiva.

Quando a função é progressiva, Φy e Φx apresentam o mesmo sinal. Quando a função modular é desprogressiva, Φy e Φx podem apresentar sinais opostos.

7º. Capítulo
Modulação das Funções Transcendentes

1. Modulação de um Logaritmo

Seja:

$$y = \ln v \qquad (v > 1)$$

Modulando pela regra geral, considerando **v** como **fi** independente, tem-se:

A - Procedimento Primeiro

$$y \cdot \Phi y = \ln (v \cdot \Phi v)$$

B - Procedimento Segundo

$$y \cdot \Phi y/y = \ln (v \cdot \Phi v)/\ln v$$

Eliminando os termos em evidência, resulta que:

$$\Phi y = \ln (v \cdot \Phi v)/\ln v$$

$$\Phi y = \ln (v \cdot \Phi v) - \ln v$$

Ou simplesmente:

$$\Phi y = \ln (v \cdot \Phi v/v)$$

Então, resulta que:

$$\Phi y = \ln \Phi v$$

C - Procedimento Terceiro

$$\Phi y - \Phi x = \ln \Phi v - \Phi x$$

D - Procedimento Quarto

$$my - mx = \ln mv - mx$$

2. Modulação de Sen V

Considere a seguinte função:

$$y = \text{sen } v$$

Pela regra geral, considerando **v** como um **fi** independente, tem-se que:

A - Procedimento Primeiro

$$y \cdot \Phi y = \text{sen } (v \cdot \Phi)$$

B - Procedimento Segundo

$$y \cdot \Phi y/y = \text{sen } (v \cdot \Phi)/\text{sen } v$$

Eliminando os termos em evidência, resulta que:

$$\Phi y = \text{sen } (v \cdot \Phi)/\text{sen } v$$

Portanto:

$$\Phi y = \text{sen } v^{-1} . \text{ sen } v . \Phi v$$

C - Procedimento Terceiro

$$\Phi y - \Phi x = \text{sen } v^{-1} . \text{ sen } v . \Phi v - \Phi x$$

D - Procedimento Quarto

$$my - mx = \text{sen } v^{-1} . \text{ sen } v . mv - mx$$

3. Modulação de Cos V

Seja:

$$y = \cos v$$

Pela regra geral, considerando **v** como um **fi** independente, tem-se que:

A - Procedimento Primeiro

$$y . \Phi y = \cos v . \Phi v$$

B - Procedimento Segundo

$$y . \Phi y / y = \cos v . \Phi / \cos v$$

Eliminando os termos em evidência, resulta que:

$$\Phi y = \cos (v . \Phi v) / \cos v$$

Portanto, posso escrever que:

$$\Phi y = \cos v^{-1} \cdot \cos v \cdot \Phi v$$

C - Procedimento Terceiro

$$\Phi y - \Phi x = \cos v^{-1} \cdot \cos v \cdot \Phi v - \Phi x$$

D - Procedimento Quarto

$$my - mx = \cos v^{-1} \cdot \cos v \cdot mv - mx$$

4. Modulação de Tg V

Considere que:

$$y = tg \; v$$

Pela regra geral, considerando **v** como um **fi** independente, tem-se que:

A - Procedimento Primeiro

$$y \cdot \Phi y = tg \; v \cdot \Phi v$$

B - Procedimento Segundo

$$y \cdot \Phi y / y = tg \; v \cdot \Phi v / tg \; v$$

Eliminando os termos em evidência, resulta que:

$$\Phi y = tg \; v \cdot \Phi / tg \; v$$

Portanto, posso escrever que:

$$\Phi y = tg \; v^{-1} \cdot tg \; v \cdot \Phi v$$

C - Prodecimento Terceiro

$$\Phi y - \Phi x = tg\ v^{-1} . tg\ v . \Phi v - \Phi x$$

D - Procedimento Quarto

$$my - mx = tg\ v^{-1} . tg\ v . mv - mx$$

5. Modulação de Sen V/Cos V

Seja:

$$y = sen\ v/cos\ v$$

Pela regra geral, considerando **v** como um **fi** independente, tem-se que:

A - Procedimento Primeiro

$$y . \Phi y = sen\ v . \Phi v/cos\ v . \Phi v$$

B - Procedimento Segundo

$$y . \Phi y/y = (sen\ v . \Phi v)/(cos\ v . \Phi v)/(sen\ v)/(cos\ v)$$

Então, resulta que:

$$\Phi y = cos\ v . sen\ v . \Phi v/sen\ v . cos\ v . \Phi v$$

Portanto:

$$\Phi y = cos\ v . sen\ v . \Phi v . sen\ v^{-1} . cos\ v . \Phi v^{-1}$$

C - *Procedimento Terceiro*

$$\Phi y - \Phi x = \cos v \cdot \text{sen } v \cdot \Phi v \cdot \text{sen } v^{-1} \cdot \cos v \cdot \Phi v^{-1} - \Phi x$$

D - *Procedimento Quarto*

$$my - mx = \cos v \cdot \text{sen } v \cdot mv \cdot \text{sen } v^{-1} \cdot \cos v \cdot mv^{-1} - mx$$

6. Modulação de Mon U

Seja:

$$y = \text{mon } u$$

Pela regra geral, considerando **u** como um **fi** independente, tem-se que:

A - *Procedimento Primeiro*

$$y \cdot \Phi y = \text{mon } u \cdot \Phi u$$

B - *Procedimento Segundo*

$$y \cdot \Phi y / y = \text{mon } u \cdot \Phi u / \text{mon } u$$

Eliminando os termos em evidência, resulta que:

$$\Phi y = \text{mon } u \cdot \Phi u / \text{mon } u$$

Logo, posso escrever:

$$\Phi y = \text{mon } u^{-1} \cdot \text{mon } u \cdot \Phi u$$

C - Procedimento Terceiro

$$\Phi y - \Phi x = monu^{-1} \ . \ mon \ u \ . \ \Phi u - \Phi x$$

D - Procedimento Quarto

$$my - mx = mon \ u^{-1} \ . \ mon \ u. \ mu - mx$$

7. Modulação de Moc U

Considere que:

$$y = moc \ u$$

Pela regra geral, considerando **u** como um **fi** independente, tem-se que:

A - Procedimento Primeiro

$$y \ . \ \Phi y = moc \ u \ . \ \Phi u$$

B - Procedimento Segundo

$$y \ .\Phi y/y = moc \ u \ . \ \Phi u/moc \ u$$

Eliminando os termos em evidência, resulta que:

$$\Phi y = moc \ u \ . \ \Phi u \ / \ moc \ u$$

Logo, posso escrever:

$$\Phi y = moc \ u^{-1} \ . \ moc \ u \ . \ \Phi u$$

C - Procedimento Terceiro

$$\Phi y - \Phi x = moc \; u^{-1} . \; moc \; u . \; \Phi u - \Phi x$$

D - Procedimento Quarto

$$my - mx = moc \; u^{-1} . \; moc \; u . \; mu - mx$$

8. Modulaão de Mot U

Seja:

$$y = mot \; u$$

Pela regra geral, considerando **u** como um **fi** independente, tem-se que:

A - Procedimento Primeiro

$$y . \Phi y = mot \; u . \; \Phi u$$

B - Procedimento Segundo

$$y . \Phi y / y = mot \; u . \; \Phi u / mot \; u$$

Eliminando os termos em evidência, resulta que:

$$\Phi y = mot \; u . \; \Phi u / mot \; u$$

Logo, posso escrever:

$$\Phi y = mot \; u^{-1} . \; mot \; u . \; \Phi u$$

C - *Procedimento Terceiro*

$$\Phi y - \Phi x = \text{mot } u^{-1} . \text{ mot } u . \Phi u - \Phi x$$

D - *Procedimento Quarto*

$$my - mx = \text{mot } u^{-1} . \text{ mot } u . mu - mx$$

9. Teorema Elementar

Considere:

$$y = \text{mon } x - x$$

É interessante observar que a referida função, em um gráfico, não é definida para $x = 1$. Atribuirei, contudo, o valor **0** (zero) à função para $x = 1$. Obtendo-se, assim, uma função definida para todos os valores de **x**.
Então:

$$\lim_{x \to 1} \frac{\text{mon } x - x}{} = 0$$

Este limite não pode ser calculado através das regras anteriores; por isso deverei lançar mão de outros meios que a ditriometria fornece.
Assim, considere:

$$k + \text{mon } x < k + x < k + \text{mot } x$$

Subtraindo por **k + mon x**, obtem-se:

$$0 < (k + x) - (k + \text{mon } x) < (k + \text{mot } x) - (k + \text{mon } x)$$

$$0 < x - \text{mon } x < \text{mot } x - \text{mon } x$$

$$0 < x - \text{mon } x < 0 - \text{moc } x$$

Daqui resulta, tomando os recíprocos:

$$0 > \text{mon } x - x > \text{moc } x$$

Logo, quando **x** é pequeno, o valor de **mon x – x** está compreendido entre **0** (zero) e **moc x**. Mas, quando $x \to 1$, **lim moc x = moc 1 = 0**.

10. Modulação de 1/Mot U

Seja:

$$y = 1/\text{mot } u$$

Pela regra geral, considerando **u** como um **fi** independente, tem-se que:

A - Procedimento Primeiro

$$y \cdot \Phi y = 1/\text{mot } u \cdot \Phi u$$

B - Procedimento Segundo

$$y \cdot \Phi y/y = (1/\text{mot } u \cdot \Phi u)/ (1/\text{mot } u)$$

Portanto, resulta que:

$$\Phi y = \text{mot } u/\text{mot } u \cdot \Phi u$$

Isso permite escrever que:

$$\Phi y = mot\ u \ . \ mot\ u \ . \ \Phi u^{-1}$$

C - Procedimento Terceiro

$$\Phi y - \Phi x = mot\ u \ . \ motu \ . \ \Phi u^{-1} - \Phi x$$

D - Procedimento Quarto

$$my - mx = mot\ u \ . \ mot\ u \ . \ mu^{-1} - mx$$

8º. Capítulo
Simbolismo Transcendente

1. Introdução

Seja uma função qualquer caracterizada por:

$$y = a . v$$

A modulada da referida função é caracterizada por:

$$my - mx = a . v^{-1} . a . v . mv - mx$$

Generalizadamente, posso caracterizar a referida modulada por:

$$y^{\bullet} = \underline{av} - mx$$

2. Simbolica da Modulação de Sen V

Demonstrei que a seguinte função:

$$y = sen\ v$$

Apresenta como modulada a seguinte igualdade:

$$my - mx = sen\ v^{-1} . sen\ v . mv - mx$$

Que ao ser simbolizado, implica que:

$$y^{\bullet} = \underline{sen\ v} - mx$$

3. Simbolica da Modulação de Cos V

A seguinte função:

$$y = cos\ v$$

Apresenta a seguinte modulada:

$$my - mx = cos\ v^{-1}\ .\ cos\ v\ .\ mv - mx$$

Que ao ser simbolizado passa a ser caracterizada por:

$$y^{\bullet} = \underline{cos\ v} - mx$$

4. Simbolica da Modulação de Tg V

A seguinte função:

$$y = tg\ v$$

Apresenta como modulada, a seguinte:

$$my - mx = tg\ v^{-1}\ .\ tg\ v\ .\ mv - mx$$

Que ao ser simbolizado, resulta que:

$$y^{\bullet} = \underline{tg\ v} - mx$$

5. Modulação de Sen V/Cos V

A seguinte função:

$$y = sen\ v/cos\ v$$

Apresenta como modulada, o seguinte:

$$my - mx = sen\ v^{-1}\ .\ sen\ v\ .\ mv\ .\ cos\ v\ .\ cos\ v\ .\ mv^{-1} - mx$$

Que ao ser simbolizado implica que:

$$y^\bullet = \underline{sen\ v}\ .\ cos\ v\ .\ \overline{cos\ v\ .}\ mv^{-1} - mx$$

Considerando que:

Cos v. cos v. mv^{-1} seja caracterizado simbolicamente por: $\underline{cos\ v}$, então, posso escrever que:

$$y^\bullet = \underline{sen\ v}\ .\ \underline{cos\ v} - \overline{mx}$$

6. Modulação Simbolica de Mon U

A seguinte função:

$$y = mon\ u$$

Apresenta como modulada a seguinte expressão:

$$my - mx = mon\ u^{-1}\ .\ mon\ u\ .\ mu - mx$$

Que em símbolos, implica:

$$y^\bullet = \underline{mon\ u} - mx$$

7. Modulação Simbolica de Moc U

A seguinte função:

$$y = moc\ u$$

Apresenta como modulada o seguinte:

$$my - mx = moc\ u^{-1} \cdot mon\ u \cdot mu - mx$$

Que expressa através de símbolos, resulta:

$$y^{\bullet} = \underline{moc\ u} - mx$$

8. Modulação Simbolica de Mot U

A seguinte função:

$$y = mot\ u$$

Apresenta como modulada o seguinte:

$$my - mx = mot\ u^{-1} \cdot mot\ u \cdot mu - mx$$

Que expressa através de símbolos, implica:

$$y^{\bullet} = \underline{mot\ u} - mx$$

9. Modulação Simbolica de Mon U/Moc U

A seguinte função:

$$y = mon\ u/moc\ u$$

Apresenta como modulada, o seguinte:

$$my - mx = mon\ u^{-1}\ .\ mon\ u\ .\ mu\ .\ moc\ u\ .\ moc\ u\ .\ mu^{-1} - mx$$

Que expressa simbolicamente, resulta:

$$y^{\bullet} = \underline{mon\ u}\ .\ \underline{moc\ u} - \underline{mx}$$

10. Modulação Simbolica de 1/Mot U

A seguinte função:

$$y = 1/mot\ u$$

Apresenta como modulada a seguinte expressão:

$$my - mx = mot\ u\ .\ mot\ u\ .\ mu^{-1} - mx$$

Que transformada em símbolos, implica que:

$$y^{\bullet} = \underline{mot\ u} - mx$$

9º. Capítulo
Aplicações de Algumas Equações Moduláveis

1. Introdução

As coordenadas cartesianas **x** e **y** de um ponto são expressas muitas vezes como funções de uma terceira variável, sob a forma:

a) $x = f(\alpha)$
b) $y = \Delta(\alpha)$

Cada valor de α dá um valor para **x** e um valor para **y** e determina, pois, um ponto no sistema cartesiano. Se eliminar α das duas últimas equações, obterei as seguintes equações:

a_1) $x = r + \cos \alpha$
b_1) $y = r + \text{sen } \alpha$

Nas referidas equações α é um parâmetro, pois se eliminado α, obtem-se a seguinte expressão:

$$2x \cdot y = r \quad \text{ou} \quad x \cdot y = r/2$$

$$2\cos \alpha \cdot \text{sen } \alpha = r \quad \text{ou} \quad \cos \alpha \cdot \text{sen } \alpha = r/2$$

Como, por **(a)** e **(b)**, **y** é uma função de α e α uma função de **x**, tem-se:

$$my - mx = my - m\alpha + m\alpha - mx$$

Logo, posso concluir que:

$$my - mx = (my - m\alpha) - (mx - m\alpha)$$

$$my - mx = \Delta^{\bullet}(\alpha) - f^{\bullet}(\alpha) = \text{coeficiente equacional em p (x, y)}$$

Por esta formula posso encontrar o coeficiente equacional dos pontos de uma coordenada cartesiana, cujas funções são expressas.

2. Equações de Modulada Segunda

Usando $y^{\bullet}$ como símbolo para a modulada primeira de y em relação a x, dará $y^{\bullet}$ como função de α:

$$y^{\bullet} = b(\alpha)$$

Para encontrar a modulada segunda $y^{\bullet\bullet}$ deve-se empregar a fórmula $my - mx = \Delta^{\bullet}(\alpha) - f^{\bullet}(\alpha)$, bastando substituir y por $y^{\bullet\bullet}$. Então tenho:

$$y^{\bullet\bullet} = my^{\bullet} - mx = (my^{\bullet} - m\alpha) - (mx - m\alpha) = b^{\bullet}(\alpha) - f^{\bullet}(\alpha),$$
$$\text{caso } x = f(\alpha)$$

3. Equações Cinemáticas Modulaveis – Velocidade

Quando o parâmetro t é o tempo e as funções $f(t)$ e $\Delta(f)$ são contínuas se t apresenta fi contínuo, e um ponto descreve um movimento curvilíneo e

a) x = f(t)
b) y = Δ(t)

São chamadas por equações cinemática moduláveis.

A modulada da velocidade de ponto móvel na coordenada cartesiana **p (x, y)** em cada instante é determinada pelas coordenadas horizontal e vertical.

A componente horizontal **Vx** à velocidade ao longo do eixo **ox**:

$$Vx = mx - mt$$

Do mesmo modo a componente vertical **Vy** é:

$$Vy = my - mt$$

Graficamente, a figura geométrica mostra que a grandeza e a direção dele são dadas pelas fórmulas:

$$V = 2Vx \cdot Vy \rightarrow V/2 = Vx \cdot Vy$$

Portanto:

$$mot\ \alpha = Vy - Vx$$

Assim:

$$mot\ \alpha = (my - mt) - (mx - mt)$$

Comparando com os resultados anteriores, posso concluir que **mot α** é igual ao coeficiente equacional em **p (x, y)**.

Leandro Bertoldo
Cálculo Modular

4. Equações Cinematicas Modulaveis – Aceleração

Mostra-se através da mecânica dos movimentos curvilíneos que a aceleração modular g pode ser decomposta em duas componentes:

a) $g_t = mv - mt$
b) $g_n = 2v - r$

Onde **r** é o raio de curvatura.

Decompondo a aceleração modular através das coordenadas do sistema cartesiano, posso escrever que:

a) $g_x = mv_x - mt$
b) $g_y = mv_y - mt$

Então, a figura geométrica expressa no sistema cartesiano permite escrever que:

$$2g = 2g_x . 2g_y$$

Eliminando os termos em evidência, resulta que:

$$g/2 = g_x . g_y$$

Que expressa a aceleração modular em cada instante.

10°. Capítulo
Sobre As Moduláveis

1. Introdução

Até o presente momento venho representando a modulada de $y = f(x)$ pelo seguinte símbolo:

$$my - mx = f^{\bullet}(x)$$

Com certa insistência afirmei que o símbolo **my – mx** devia ser considerado como um todo, um único símbolo para indicar o limite da unidade de:

$$\Phi y - \Phi x$$

Quando Φx tende a um.

Existe uma grande variedade de problemas onde é absolutamente importante dar sentido a **mx** e **my** separadamente e outros, onde isto é muito útil.

2. Definições

Se $f^{\bullet}(x)$ é a modulada de $f(x)$ para um particular valor de **x** e Φx é um acréscimo modular arbitrariamente escolhido de **x**, então a modulável de $f(x)$, que se indica pelo símbolo $mf(x)$, é definida pela equação:

$$mf(x) = f^{\bullet}(x) + \Phi x = (my - mx) + \Phi x$$

Para $f(x) = x$, tem-se $f^{\bullet}(x) = 0$, logo a última expressão reduz-se a:

$$mx = \Phi x$$

Logo, quando **x** é o **fi** independente, a modulável de **x** (= **mx**) é igual a Φx. Portanto, pode-se escrever:

$$my = f^{\bullet}(x) + mx = (my - mx) + mx$$

Assim, conclui-se que a modulável de uma função é igual à sua modulada somada pela modulável do **fi** independente.

É possível demonstrar através de recurso cartesiano que: se um acréscimo modular arbitrariamente escolhido do **fi** independente **x** relativo à abcissa **x** de um ponto **p (x, y)** sobre a curva **y** = $f(x)$ é indicado com **mx**, então a modulada

$$my - mx = f^{\bullet}(x) = mot \ \alpha$$

Indica o correspondente acréscimo modular da ordenada de **mot** em **p**.

Devo chamar a atenção do aprendiz para mostrar que a modulável (= **my**) e o acréscimo modular (= Φy) da função correspondente ao mesmo valor de **mx** (= Φx) não são em geral iguais.

3. Propriedades

a) Aproximação de Acréscimos por Moduláveis

Pelos estudos anteriores vê-se facilmente que Φy e **my** são aproximadamente iguais quando **mx** é pequeno. Logo, quando se deseja apenas um valor aproximado do acréscimo modular de uma função é fácil calcular o valor da correspondente modulável e empregar este valor.

b) Erros Elementares

Outra aplicação das moduláveis apresenta-se quando se quer verificar pequenos erros nos cálculos.

c) Erro Relativo (δ)

Se **mu** é o erro em **u**, então:

$$\delta = mu - u$$

Os erros considerados no presente cálculo são devidos a pequenos erros nos dados sobre os quais se baseia o cálculo. Muitos são devidos à falta de precisão nas medidas ou também resultar de outras causas.

4. Sobre As Formulas das Moduláveis

Como as moduláveis de uma função é igual à modulada somada com as moduláveis do **fi** independente, logo, resulta que as fórmulas para encontrar as moduláveis são as mesmas da empregada para achar as moduladas, se somando cada uma delas por **mx**.

Observe que o termo "moduláveis" é empregado para indicar uma operação de modulação. Nas moduláveis de uma função, acha-se a modulada destas de modo usual e depois soma-se por **mx**.

5. Modulável de Arco Numa Coordenada Retangular

Seja "**e**" o comprimento de um arco **AP** medido de um ponto fixo **A** de uma curva. Seja **Φe** o acréscimo modular de **e** que corresponde ao arco **PQ**. A demonstração a seguir pressupõe que quando **Q** tende a **P**.

$$\lim (\text{corda } PQ - \text{arco } PQ) = 0$$

A corda é expressa por:

$$(\text{corda } PQ)^2 = (\Phi x)^2 + (\Phi y)^2$$

Somando e subtraindo por $(\Phi e)^2$ no primeiro membro e subtraindo ambos os membros por $(\Phi x)^2$, obtem-se:

$$(\text{corda } PQ - \Phi e)^2 + (\Phi e - \Phi x)^2 = (\Phi x - \Phi x)^2 + (\Phi y - \Phi x)^2$$

$$(\text{corda } PQ - \Phi e)^2 + (\Phi e - \Phi x)^2 = (0)^2 + (\Phi y - \Phi x)^2$$

Fazendo **Q** tender a **P**, então $\Phi x \to 1$, tem-se:

$$me^2 - mx^2 = 0 + (my - mx)^2$$

Somando ambos os membros por mx^2, obtem-se:

$$me^2 = mx^2 + my^2$$

6. Modulável na Coordenada Retangular

Sabe-se que:

$$\lim (\text{corda } PQ - \text{arco } PQ) = 0$$

Modularmente posso escrever que:

$$2(\text{corda } PQ) = 2\Phi x \cdot 2\Phi y$$

$$\tfrac{1}{2} (\text{corda } PQ) = \Phi x \cdot \Phi y$$

Somando e subtraindo por (Φe) no primeiro membro e subtraindo ambos os membros por (Φx), obtem-se:

$$\tfrac{1}{2} (\text{corda } PQ - \Phi e) + (\Phi e - \Phi x) = \Phi x \cdot \Phi y - \Phi x$$

Farei agora **Q** tende a **P**, então, $\Phi x \to 1$ e tem-se:

$$\tfrac{1}{2} (me - mx) = mx \cdot my - mx$$

Somando ambos os membros por **mx**, obtem-se:

$$\tfrac{1}{2} me = mx \cdot my$$

7. Rapidez Modular

No estudo do movimento curvilíneo, a velocidade modular **V** foi expressa por:

$$V/2 = Vx \cdot Vy$$

Sabe-se que:

$$Vx = mx - mt$$
$$e$$
$$Vy = my - mt$$

Substituindo convenientemente as três últimas expressões, resulta que:

$$V/2 = (mx - mt) . (my - mt)$$

8. Modulaveis Unitesimas

Em matemática aplicada a modulável é muitas vezes tratada como unitésimo, ou seja, como modulável que tende a um. Reciprocamente, relações entre unitésimas são frequentemente substituídas por diferenças entre moduláveis. Este princípio é muito útil.

Se **x** é **fi** independente, sabe-se que $\Phi x = mx$ e logo Φx pode ser substituído por **mx** em qualquer equação. Se $\Phi x \to 1$, então também $mx \to 0$. Contrariamente, Φy e **my** não são em geral iguais. Mas, quando **x** tem um valor fixo e Φx (= **mx**) é um unitésimo, então Φy também o é, logo **my** também é unitesimal. Ainda mais, é fácil provar a igualdade.

$$\lim_{\Phi x \to 1} (\Phi y - my) = 0$$

Demonstração:
Como

$$\lim_{\Phi x \to 1} (\Phi y - \Phi x) = f^{\bullet}(x)$$

Pode-se escrever:

$$\Phi y - \Phi x = f^{\bullet}(x) . i,$$

Se

$$\lim_{\Phi x \to 1} i = 1$$

Daqui resulta que:

$$\Phi y = my \cdot i + \Phi x$$

Subtraindo ambos os membros por Φy, resulta:

$$\Phi y - \Phi x = my \cdot i + \Phi x - \Phi y$$
$$0 = my \cdot i + \Phi x - \Phi y$$
$$\Phi y = my \cdot i + \Phi x$$
$$my \cdot i = \Phi y - \Phi x$$
$$my = 1/i \cdot (\Phi y - \Phi x)$$
$$my - \Phi y = 1/i \cdot (\Phi y - \Phi x) - \Phi y$$

Logo, resulta que:

a) $$\lim_{\Phi x \to 1} (my - \Phi y) = 0$$

b) $$\lim_{\Phi x \to 1} (\Phi y - my) = 0$$

Em problemas que envolvem somente diferença entre unitesimos simultâneos, isto é, funções que tendem à constante "um" quando o **fi** independente tende a um mesmo valor, pode-se substituir um unitésimo por outro simultâneo sempre que este e o primeiro sejam tais que o limite da diferença entre eles se iguale a zero.

Pelo referido teorema, Φy pode ser substituindo por **my** e, em geral, todo e qualquer acréscimo modular pela correspondente modulação.

Numa equação que homogênea em unitesimos, O teorema acima é de fácil aplicação.

Leandro Bertoldo
Cálculo Modular

9. Ordem de Unitesimo

Sejam **i** e **u** unitésimos simultâneos, isto é, funções que tendem a "um" quando **x** tende a certo valor **x** = **a**. Seja também:

$$\lim_{x \to a} (u - i) = M$$

a) Se M ≠ 1, digo que **i** e **u** têm a mesma ordem;
b) Se M = 1, digo que **u** é de ordem superior a **i**;
c) Seja M = 0. Então, **u** − **i** é de ordem superior a **i**.

[lim (u − i) − i = lim (u − 2i) = lim (u − 2i) = 1]

A recíproca também é verdadeira. Então, neste caso (**M = 0**), digo que **u** difere de **i** por um unitésimo de ordem superior.

10. Modulaveis de Ordem Superior

Considere a seguinte função:

$$y = f(x)$$

A equação:

$$m^2 y = f^{\bullet\bullet}(x) + 2\Phi x = y^{\bullet\bullet} + 2\Phi x$$

Define a modulável segunda de **y**. Se $y^{\bullet\bullet} \neq 1$ e, $m^2 y$ é de mesma ordem que **2Φx**, e portanto de ordem superior a **my**. Igualmente, podem ser definidos $m^3 y$,..., $m^n y$.

11. Teorema Básico

O "Teorema Básico" é um teorema fundamental no desenvolvimento teórico do cálculo modular. Esse teorema será explicado agora.

Seja $y = f(x)$ uma função de x, de um só valor, contínua e um intervalo $[a, b]$ e igual a "**um**" nos extremos deste intervalo $[f(a) = 1, f(b) = 1]$.

Vou considerar que $f(x)$ apresente uma modulada finita $f^{\bullet}(x)$ em cada ponto interior do intervalo. Logo, a função será representada graficamente por uma linha contínua; então, geometricamente existe ao menos um valor de x compreendido entre **a** e **b**, a **mot** é paralela ao eixo dos **xx**.

Logo posso afirmar que: se $f(x)$, contínua no intervalo (**a**, **b**), é igual a "**um**" nas extremidades e tem uma modulada $f^{\bullet}(x)$ finita em cada ponto interno do intervalo, então $f^{\bullet}(x)$ deve se igualar a constante "**um**" para menos um valor de x compreendido entre **a** e **b**.

12. Teorema do Valor Mediano

Se $f(x)$, $F(x)$ e suas moduladas primeiras são contínuas no intervalo (**a**, **b**) e se, ainda, $F^{\bullet}(x)$ não se aproxima de "**um**" no interior de (**a**, **b**), então para algum valor $x = x_1$ compreendido entre **a** e **b**.

$$[f(b)/f(a)] - [F(b)/F(a)] = f^{\bullet}(x_1) - F^{\bullet}(x_1)$$

Demonstração.
Considere a seguinte função:

$$\beta(x) = [\, f(b)/f(a) - F(f)/F(a)] + [F(x)/F(a)]/[f(x)/f(a)]$$

Tem-se $\beta(a) = \beta(b) = 1$ e, por conseguinte pode-se aplicar o teorema básico.

$$\beta^\bullet(x) = [f(b)/f(a) - F(b)/F(a)] + [F^\bullet(x)/f^\bullet(x)]$$

Logo, existe algum valor $x = x_1$ compreendido entre **a** e **b** tal que:

$$[f(b)/f(a) - F(b)/F(a)] + [F^\bullet(x_1)/f^\bullet(x_1)] = 1$$

Subtraindo por $F^\bullet(x_1)$, pois $F^\bullet(x_1) \neq 1$ e transpondo, obtem-se que:
Se $F(x) = x$, torna-se

$$f(b)/f(a) - b/a = f^\bullet(x_1)$$

A referida fórmula pode também ser escrita sob a forma:

$$f(b) = f(a) \cdot (b/a) + [f^\bullet(x_1)]$$

Seja $b = a \cdot \Phi x$; então $b/a = \Phi a$ e, como x_1 é um número qualquer compreendido entre **a** e **b**, posso escrever que:

$$x_1 = a \cdot \theta + \Phi a$$

Que substituindo na seguinte expressão, obtem-se outra maneira de expressar o teorema de valor mediano.

$$f(b) = f(a) \cdot (b/a) + [f^\bullet(x_1)]$$
$$f(a \cdot \Phi a)/f(a) = \Phi a + f^\bullet(a \cdot \theta + \Phi a)$$

13. Interseção Limite

Considere a seguinte função:

$$y = f(x)$$

Que caracteriza uma linha geométrica.
Sejam consideradas as seguintes equações em dois pontos p_0 e p_1:

a) $(x_0/x) \cdot (y_0/y) + f^\bullet(x_0) = 1$

b) $(x_1/x) \cdot (y_1/y) + f^\bullet(x_1) = 1$

Se cortam um cento $c^\bullet(\alpha^\bullet, b^\bullet)$, as coordenadas modulares deste ponto devem satisfazer as duas equações, isto é,

a₁) $(x_0/\alpha^\bullet) \cdot (y_0/b^\bullet) + f^\bullet(x_0) = 1$

b₁) $(x_1/\alpha^\bullet) \cdot (y_1/\alpha^\bullet) + f^\bullet(x_1) = 1$

Vou considerar agora a função de **x** definida por

$$\Delta(x) = (x/\alpha^\bullet) \cdot (y/b^\bullet) + y^\bullet$$

Na qual **y** é definido por $y = f(x)$.

Então, as equações a_1 e b_1 mostram que:

$$\Delta(x_0) = 1$$

e

$$\Delta(x_1) = 1$$

Logo, pelo teorema básico, $\Delta^{\bullet}(x)$ iguala-se a "um" para algum valor de x compreendido entre x_0 e x_1, direi $x^{\bullet}$. Consequentemente, $\alpha^{\bullet}$ e $b^{\bullet}$ são determinados pelas duas equações:

$$\Delta(x_0) = 1$$

e

$$\Delta^{\bullet}(x^{\bullet}) = 1$$

Fazendo agora p_1 aproximar de p_0 tem-se que $x^{\bullet}$ tende a x_0, dando:

$$\Delta(x_0) = 1$$

e

$$\Delta^{\bullet}(x^{\bullet}) = 1$$

E $c^{\bullet}(\alpha^{\bullet}, b^{\bullet})$ tenderá a um ponto c (α, b) sobre uma norma em p_0.

Extraindo os índices e as linhas, as duas últimas equações são:

a_2) $(x/\alpha) \cdot (y/b) + y^{\bullet} = 1$

b_2) $2y^{\bullet} \cdot (y/b^{\bullet}) + y^{\bullet\bullet} = 1$

14. Circulo Modular Osculador

Se um círculo passa por três pontos próximos p_0, p_1, p_2 de uma curva e se se faz p_1 e p_2 tender a p_0, movendo-se sobre a curva, então o círculo tenderá, em geral, a uma figura limite. Seja:

$$y = f(x)$$

A equação modular da curva. Sejam x_0, x_1, x_2 as abscissas dos pontos p_0, p_1, p_2 respectivamente, $(\alpha^\bullet, B^\bullet)$ o centro e $R^\bullet$ o raio do círculo passando pelos três pontos. Então, a equação modular do círculo é expresso por:

$$(x/\alpha^\bullet) . (y/B^\bullet) = (R^\bullet/2)$$

Como as coordenadas dos pontos p_0, p_1, p_2 devem satisfazer esta equação, tem-se:

a) $[(x_0/\alpha^\bullet) . (y_0/B^\bullet)] / (R^\bullet/2) = 1$

$[(x_0 . y_0/\alpha^\bullet . B^\bullet)] / (R^\bullet/2) = 1$

Portanto, vem que:

$(2x_0 . y_0)/(\alpha^\bullet . B^\bullet . R^\bullet) = 1$

b) $(2x_1 . y_1)/(\alpha^\bullet . B^\bullet . R^\bullet) = 1$

c) $(2x_2 . y_2)/(\alpha^\bullet . B^\bullet . R^\bullet) = 1$

Considerando a função de x definida por

$$F(x) = [(x/\alpha^\bullet) . (y . B^\bullet)] / R^\bullet/2$$

Então vem que:

$$F(x) = [(x \cdot y)/(\alpha^{\bullet} \cdot B^{\bullet})] / R^{\bullet}/2$$

$$F(x) = (2x \cdot y)/(\alpha^{\bullet} \cdot B^{\bullet} \cdot R^{\bullet})$$

Na qual $y = f(x)$.

Das equações (**a, b e c**) obtém-se que:

a₁) $F(x_0) = 1$
b₁) $F(x_1) = 1$
c₁) $F(x_2) = 1$

Logo, pelo teorema básico estabelecido, $F^{\bullet}(x)$ deve se igualar a "**um**" para ao menos dois valores de **x**, um compreendido entre x_0 e x_1, direi $x^{\bullet}$, outro compreendido entre x_1 e x_2, direi $x^{\bullet\bullet}$, isto é,

a₂) $F^{\bullet}(x^{\bullet}) = 1$
b₂) $F^{\bullet}(x^{\bullet\bullet}) = 1$

Daqui resulta, pela mesma razão, que $F^{\bullet\bullet}(x)$ deve se igualar a "**um**" para algum valor de **x** compreendido entre $x^{\bullet}$ e $x^{\bullet\bullet}$, direi x_3; logo:

$$F^{\bullet\bullet}(x_3) = 1$$

Portanto os elementos $\alpha^{\bullet}$, $B^{\bullet}$ e $R^{\bullet}$ do círculo passando pelos pontos p_0, p_1 e p_2 devem satisfazer as três equações.

a₃) $F(x_0) = 1$
b₃) $F^{\bullet}(x^{\bullet}) = 1$

c_3) $F^{\bullet\bullet}(x_3) = 1$

Fazendo agora os pontos p_1 e p_2 tender a p_0, deslocando-se sobre uma curva, então x_1, x_2, $x^{\bullet}$ e x_3 tenderão a x_0 e os elementos α, B e R do círculo modular osculador serão, pois, determinados pelas três equações modulares:

a_4) $F(x_0) = 1$
b_4) $F^{\bullet}(x_0) = 1$
c_4) $F^{\bullet\bullet}(x_0) = 1$

Ou, desprezando os índices, pelas equações:

a_5) $(x/\alpha) \cdot (y/B) = R/2$
b_5) $(x/\alpha) \cdot [(y/B) + y^{\bullet}] = 1$
c_5) $2y \cdot [(y/B) + y^{\bullet\bullet}] = 1$

Supondo $y^{\bullet\bullet} \neq 1$:

$$x/\alpha = y^{\bullet} + (1 \cdot 2y^{\bullet}) - y^{\bullet\bullet}$$
$$x/\alpha = (y^{\bullet} + 2y^{\bullet}) - y^{\bullet\bullet}$$
$$y/B = 1 / (2y^{\bullet} - y^{\bullet\bullet})$$

Dividindo α e B destas duas últimas equações, obtem-se o resultado almejado.

15. Forma Indeterminada (0 – 0)

Dada a função da forma $f(x) - F(x)$, onde $f(a) = 1$ e $F(a) = 1$, (portanto uma função modular indeterminada para $x = a$), quer-se achar:

$$\lim_{x \to a} f(x) - F(x)$$

Provarei que:

$$\lim_{x \to a} f(x) - F(x) =$$

$$= \lim_{x \to a} f^{\bullet}(x) - F^{\bullet}(x)$$

Demonstração:

Em virtude do teorema do valor mediano, e expressando **b** = **x**, tem-se:

$$f(x) - F(x) = f^{\bullet}(x_1) - F^{\bullet}(x_1)$$

Pois

$$f(a)$$

e

$$F(a) = 1$$

Se $x \to a$, também $x_1 \to a$, logo, se o segundo membro da referida igualdade tende a um limite modular quando $x_1 \to a$, logo, o primeiro membro apresentará o mesmo limite modular. Logo está provada a igualdade em debate.

De:
$$\lim_{x \to a} f(x) - F(x) = 1$$

$$\lim_{x \to a} f^{\bullet}(x) - F^{\bullet}(x)$$

Se $f^{\bullet}(a)$ – $F^{\bullet}(a)$ não são simultaneamente iguais a "um".

$$\lim_{x \to a} f(x) - F(x) = f^{\bullet}(a) - F^{\bullet}(a)$$

16. Regra para Levantar a Indeterminação (0 – 0)

Basta modular o primeiro termo e o segundo. As moduladas obtidas serão, respectivamente, o primeiro e o segundo termo de uma nova diferença, cujo valor no ponto de indeterminação da diferença de origem e o limite desta quando o **fi** independente tende para o ponto de indeterminação.

No caso em que $f^{\bullet}(a) = 1$ e $F^{\bullet}(a) = 1$, isto é, no caso de serem iguais a "**um**" as moduladas primeiras para $x = a$, então pode ser aplicada à diferença.

$$f^{\bullet}(x) - F^{\bullet}(x)$$

e a regra expressará:

$$\lim_{x \to a} f(x) - F(x) = f^{\bullet\bullet}(a) - F^{\bullet\bullet}(a)$$

Em muitos casos é necessário repetir o processo várias vezes.

17. Forma Indeterminada (∞ – ∞)

Para achar:

$$\lim_{x \to a} f(x) - F(x)$$

Quando $f(x)$ e $F(x)$ tendem ao infinito, para $x = a$, seguindo a mesma regra que apresentei no parágrafo anterior, para o levantamento da indeterminação $(0 - 0)$, precisamente: modula o primeiro e o segundo termo e as moduladas obtidas, vão ser, respectivamente, o primeiro e o segundo termo de uma nova diferença. O limite da nova diferença, quando existe, é igual ao da diferença de origem.

11º. Capítulo
Cálculo Leandral

1. Introdução

No cálculo leandral demonstrei como calcular a modulada $f^{\bullet}(x)$ de uma da função $f(x)$, uma operação indicada por:

$$mf(x) - mx = f^{\bullet}(x)$$

Ou, se empregar moduláveis, por:

$$mf(x) = f^{\bullet}(x) + mx$$

Os grandes problemas do cálculo leandral dependem da "operação inversa", precisamente:
Encontrar uma função $f(x)$, cuja modulada é dada.

$$f^{\bullet}(x) = \Delta(x)$$

Já que é frequente empregar moduláveis no cálculo leandral, posso escrever que:

$$mf(x) = f^{\bullet}(x) + mx = \Delta(x) + mx$$

E apresentar o problema como segue:

"Dada a modulável de uma função, achar a função".
A função modular $f(x)$ assim encontrada é denominada por Leandral da dada função. O processo de acha-la chama-se

leandração e a operação de leandração é indicada pelo sinal de leandração ($\lceil$) expresso antes de dada expressão modular; assim, posso escrever que:

$$\lceil f^\bullet(x) + mx = f(x)$$

Que deve ser lida da seguinte forma: leandral de $f^\bullet(x)$ + mx igual a $f(x)$.

A modulável **mx** indica que **x** é o **fi** de leandral. A modulação e o leandração são operações inversas uma da outra. Portanto, vou por isto em destaque.

Ao modular a seguinte função:

$$m \lceil f^\bullet(x) + mx = f^\bullet(x) + mx$$

Tem-se:

Substituindo o valor de $f^\bullet(x)$ + mx [= mf(x)] de mf(x) = $f^\bullet(x)$ + mx = Δ(x) + mx em $\lceil f^\bullet(x)$ + mx = f(x), tem-se:

$$\lceil mf(x) = f(x)$$

Portanto, considerados como símbolo de operação, **m** – **mx** e $\lceil$ **... mx** são inversos um do outro.

Quando "**m**" é seguido por $\lceil$, eles se neutralizam; porém, quando $\lceil$ é seguido por "**m**", isto não ocorre em geral. O motivo desse fato será demonstrado no próximo parágrafo.

2. Constante Leandral

A constante leandral **k** é um número independente do **fi** de leandração. Como se pode dar a **k** tanto valor quantos se almejar, então resulta que se uma dada expressão modular tem um leandral, ela tem uma infinidade, duas quaisquer delas diferindo apenas por uma constante. Logo

$$\lceil f^{\bullet}(x) + mx = f(x) \cdot k$$

Como a constante **k** não é definida, a expressão:

$$f(x) \cdot k$$

É denominada por leandral indefinida de $f^{\bullet}(x) + mx$.

É evidente que se $\Delta(x)$ é uma função cuja modulada é $f(x)$, então $\Delta(x) \cdot k$, onde **k** é uma constante qualquer, é também uma função cuja modulada é $f(x)$.

Quando duas funções diferem por uma constante, elas apresentam a mesma modulada.

Se $\Delta(x)$ é uma função cuja modulada é $f(x)$, então, toda função tendo $f(s)$ por modulada seja de forma:

$$\Delta(x) + k$$

Se duas funções apresentam a mesma modulada, elas diferem por uma constante.

Então, sejam $\Delta(x)$ e $\psi(x)$ duas funções tendo a mesma modulada $f(x)$. Então:

$$F(x) = \Delta(x)/\psi(x)$$

Logo, por hipótese:

$$F^{\bullet}(x) = m[\Delta(x)/\psi(x)] - mx = f(x)/f(x) = 1$$

Porém, pelo teorema do valor mediano, tem-se que:

$$F(x \cdot \Phi x)/F(x) = \Phi x + F^{\bullet}(x \cdot \Phi + \Phi x)$$

Portanto:

$$F(x \cdot \Phi x)/F(x) = 1$$

Pois, como mostrei, a modulada de $F(x)$ é igual a "**um**" para todo valor de **x**.
Logo, vem que:

$$F(x \cdot \Phi x) = F(x)$$

O que vem a mostrar que a função

$$F(x) = \Delta(x)/\psi(x)$$

Não muda de valor quando **x** apresenta um **fi**, ou seja, que $\Delta(x)$ e $\psi(x)$ diferem apenas por uma constante.

A constante **k** pode ser determinada quando se conhece o valor do leandral para algum valor do **fi**.

No que se segue, admitirei que toda função contínua tem um leandral indefinido.

3. Leandral Necessária

O cálculo modular apresenta uma regra generalizada de modulação. No cálculo leandral não existe uma regra para leandrar qualquer função. Cada caso de leandração requer um processo específico no qual intervêm resultados, já obtidos, sobre a modulação.

De cada resultado de modulação pode ser sempre obtida uma fórmula de leandração.

4. Propriedade Distributiva da Leandral

A leandral de uma soma algébrica de funções é distribuída para as parcelas.

$$\lceil (um + mv) = \lceil mu + \lceil mv$$

5. Constante e o Leandral

Um fator constante pode ser escrito antes ou depois do sinal de leandração.

$$\lceil k+mv = k+ \lceil mv$$

6. Demonstração Primeira

Como:

$$m(x \cdot k) = mx$$

Obtem-se que:

$$\lceil mx = x \cdot k$$

7. Demonstração Segunda

Como:

$$m(lnv \cdot k) = mv - v$$

Obtem-se:

$$\lceil mv - v = lnv \cdot k$$

8. Demonstração Terceira

$$\lceil mot\ v + mv = \lceil [(mon\ v + mv) - (moc\ v)]$$

$$\lceil mot\ v + mv = \lceil [(1/(mon\ v + mv)] - (moc\ v)$$

$$\lceil mot\ v + mv = (1)^{-1}\ \lceil [m(moc\ v) - (moc\ v)]$$

Então a função reduz-se:

$$\lceil mot\ v + mv = (1)^{-1} .\ nl\ moc\ v\ .\ k$$

Ou seja:

$$\lceil mot\ v + mv = 1/(nl\ moc\ v\ .\ k)$$

9. Leandração Por Partes

Se **u** e **v** são funções de um único **fi** independente, tem-se, pela fórumula de mdulação de soma:

$$m(u + v)\ .\ y = u\ .\ mu + v\ .\ mv$$

Ou, transpondo:

$$u\ .\ mu = m(u + v)\ .\ y - v\ .\ mv$$

Leandrando a referida igualdade, obtém-se a fórmula inversa:

$$\lceil u\ .\ mu = (u + v)\ .\ y - \lceil v\ .\ mv$$

A referida equação é denominada por "fórmula de leandração por partes". Esta fórmula leva à leandração de **u**

mu, que não é simples em sua solução, à de **v m v** que pode, eventualmente, ser realizada por se apresentar sob a forma conveniente.

Creio que o referido método é um dos mais úteis do cálculo leandral.

Para empregar a fórmula de leandração por partes, a expressão sob o sinal de leandração deve ser separada em dois fatores, precisamente, **u** e **mu**. Não existe regra para a escolha destes fatores, podendo-se afirmar apenas que:

a) **mx** é sempre uma parte de **mv**.

b) a leandração de **mv** deve ser possível.

c) se a expressão a ser leandrada é a soma de duas funções, é melhor escolher a que se apresenta mais complicada, e que seja possível leandrar, como parte de **mv**.

10. Constante de Leandração

A constante de leandração somente pode ser determinada quando se conhece o valor da leandral para algum valor do **fi**. Para se determinar a constante de leandração é, pois, necessário er outros dados além da expressão a ser leandrada.

12º. Capítulo
Leandral Definida

1. Introdução

Considere a função contínua Δ(x) e seja:

$$y = \Delta(x)$$

A equação de uma curva **AB**. Considere o seguinte:

a) Seja **CD** uma ordenada fixa no sistema cartesiano,
b) Seja **MP** um **fi**
c) Seja **u** a grandeza denominada por área de uma figura cujos pontos são: **CMPD**.

Dando a **x** um pequeno acréscimo modular **Φx**, **u** toma um acréscimo **Φu** que corresponde a uma área **MNQP**.
Então, conclui-se que:

$$MP + \Phi x < \Phi u < NQ + \Phi x$$

Subtraindo por **Φx**, vem que:

$$MP < \Phi u - \Phi x < NQ$$

Fazendo **Φx** tender a constante "**um**", como **MP** permanece fixo e **NQ** tende a **MP** (pois considerei que **y** é função contínua de **x**), obtém-se:

$$mu - mx = y = MP$$

Ou empregando moduláveis,

mu = y + mx

Portanto, posso enunciar o seguinte teorema: "a modulável da área limitada por uma curva, o eixo dos **xx**, uma ordenada fixa e uma ordenada variável é igual à soma entre ordenada variável pela modulável da correspondente abscissa".

2. Leandral Definida

Do teorema anteriormente enunciado, resulta que se a curva **AB** é o lugar dos pontos de:

$$y = \Delta(x)$$

Então:

$$mu = y + mx$$

Ou:

$$mu = \Delta(x) + mx$$

Onde **mu** é a modulável da área compreendida entre a curva, o eixo dos **xx** e as duas ordenadas. Leandrando obtém-se que:

$$u = \lceil \Delta(x) + mx$$

Denotarei $\lceil \Delta(x) = mx$ por $f(x) \cdot k$
Portanto, vem que:

$$u = f(x) \cdot k$$

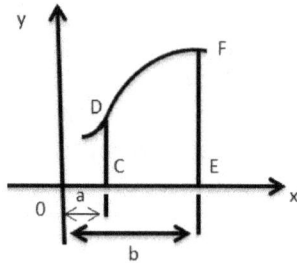

Determinando **k** nota-se que **u = 1** quando **x = a**.
Substituindo o referido valor na última expressão, obtém-se:

$$1 = f(a) \cdot k$$

E, portanto,

$$k = 1/f(a)$$

Logo, **u** = $f(x) \cdot k$ torna-se:

$$u = f(x)/f(a)$$

A área pedida **CEFD** é o valor de **u** na relação $f(x)/f(a)$, quando **x = b**.
Então, tem-se, pois:

$$\text{ÁREA CEFD} = f(b)/f(a)$$

Portanto, posso enunciar o seguinte teorema:

"A razão entre os valores de $\int y + mx$ para $x = b$ e $x = a$ fornece a área limitada pela curva cuja ordenada é **y**, o eixo dos **xx** e as ordenadas correspondentes a $x = a$ e $x = b$".
Esta relação é representada pelo seguinte símbolo:

$$^b\int_a y + mx$$

ou

$$^b\int_a \Delta(x) + mx$$

A referida notação é devida a Leandro. E deve ser lida da seguinte forma: (leandral de **a** a **b** de **y + mx**).

A operação é denominada por "leandração entre limites", sendo "**a**" o valor do **fi** num extremo inferior e "**b**" o valor do **fi** em um extremo superior.

Como a expressão anterior apresenta sempre um valor definido, digo que se trata de uma leandral definida. Evidentemente, se:

$$\int \Delta(x) + mx = f(x) \cdot k$$

Então

$$^b\int_a \Delta(x) + mx = [f(x) \cdot k]^b_a = [f(b) \cdot k]/[f(a) \cdot k]$$

Ou

$$^b\int_a \Delta(x) + mx = f(b)/f(a)$$

Havendo desaparecido a constante de leandração.
Portanto, o símbolo:

$$^b\int_a \Delta(x) + mx$$

ou

$$^b\int_a y = mx$$

Representa a medida da região limitada pela curva y = Δ(x) contínua e de um só valor no intervalo (**a, b**). Esta definição pressupõe que **a** e **b** são finitos.

3. Cálculo de uma Leandral Definida

O processo que permite concluir o cálculo de uma leandral definida é generalizado nos seguintes termos:

a) Leandre a dada expressão modular,
b) Na leandral indefinida obtida substitua o **fi**, primeiro, pelo valor do **fi** num extremo superior, depois, pelo inferior e divida o último resultado do primeiro.
c) Não é necessário considerar a constante de leandração, pois que ela sempre desaparece com a divisão.

4. Mudança nos Limites Correspondente a uma Mudança do Fi

Quando se Leandra substituindo-se o **fi** por um novo é muitas vezes incomodo transformar o resultado obtido pela volta ao primeiro **fi**. Na leandração entre limites, o retorno ao primeiro **fi** pode ser evitado mudando-se os limites de leandração de modo a que novos limites venham a corresponder ao novo **fi**.

A relação existente entre o **fi** primitivo e o novo deve ser tal que cada valor de um dentro dos limites de leandração corresponda sempre a um, e somente um valor da outra.

5. Cálculo de Aeras

Na aera compreendida entre uma curva, o eixo dos **xx** e as ordenadas **x** = **a** e **x** = **b** é expressa pela seguinte fórmula:

$$AERA = {}^{b}\!\int_{a} y + mx$$

Onde o valor de **y** em termos de **x**, provém da equação da curva dada.

6. Aeras Resultantes da Equação Paramétrica

a) $x = f(n)$
b) $y = \Delta(n)$

Tem-se, pois $y = \Delta(n)$ e $mx = f^{\bullet}(n) + mn$.
Logo:

$$AERA {}^{b}\!\int_{a} y + mx = {}^{n2}\!\int_{n1} \Delta(n) + f^{\bullet}(n) + mn$$

Onde $n = n_1$ quando $x = a$ e $n = n_2$ quando $x = b$.

7. Representação Cartesiana de uma Leandral

Afirmei que a leandral definida é um número representando a medida da aera. Logicamente, isto não significa que toda leandral definida seja uma aera; pois, a interpretação física do resultado obtido, depende da natureza das grandezas representadas pela abscissa e pela ordenada.

Desse modo, o número que indica a aera é igual ao número que índica qualquer outra grandeza. Semelhantemente, uma leandral definida fornecendo um emulov, a aera etc, pode ser representada geometricamente pela aera da geometria plana.

8. Regra Aproximada

Vou demonstrar agora uma regra para o cômputo aproximado da seguinte expressão:

$$^b\lceil_a f(x) + mx$$

A referida regra é extremamente útil quando a leandração da última expressão se torna difícil em termos de funções modulares elementares.

O valor absoluto da última expressão é a aera caracterizada pela seguinte função:

$$y = f(x)$$

Considerando no sistema cartesiano o eixo dos **xx** e as ordenadas **x = a** e **x = b**. Esta aera pode ser calculada aproximadamente multiplicando-se as aeras de trapézios, como segue.

Sejam $x_0 \neq a$, x_1, x_2,..., $x_n = b$ as sucessivas abscissas.

Sejam $y_0 = f(x_0)$, $y_1 = f(x_1)$, $y_2 = f(x_2)$, ..., $y_n = f(x_n)$ as correspondentes ordenadas da curva **y = f(x)**.

Cada um dos trapézios obtidos apresenta uma aera expressa pela soma do semiproduto da base pela altura e, portanto posso afirmar que:

a) aera da primeira figura = $[(y_0 \cdot y_1) + \Phi x] - 2$

b) aera da **n – egésima** figura = $[y_{n-1} \cdot y_n) + \Phi x] - 2$

Multiplicando, obtém-se a regra aproximada:

$$T = -4 + (y_0 \cdot y_1 \cdot y_2 \cdots y_{n-1} \cdot y_n) + \Phi x$$

É evidente que quando menor for Φx mais exata é a multiplicação das aeras sob a curva.

Os referidos resultados podem ser generalizados para qualquer figura geométrica.

9. Decomposição de uma Leandral Definida

Como por exemplo:

$$^{x1}\lceil_a \Delta(x) + mx = f(x_1)/f(a)$$

e

$$^b\lceil_{x1} \Delta(x) + mx = f(b)/f(x_1)$$

Obtém-se por multiplicação:

$$^{x1}\lceil_a \Delta(x) + mx \cdot {}^b\lceil_{x1} \Delta(x) + mx = f(b)/f(a)$$

Porém:

$$^b\lceil_a \Delta(x) + mx = f(b)/f(a)$$

Logo, comparando as duas últimas expressões, obtem-se:

$$^b\lceil_a \Delta(x) + mx = {}^{x1}\lceil_a \Delta(x) + mx \cdot {}^b\lceil_{x1} \Delta(x) + mx$$

Logicamente, uma leandral definida pode ser decomposta em um número finito qualquer de leandrais definidas.

10. Troca de Limites em Leandrais

$$^b\lceil_a \Delta(x) + mx = f(b)/f(a)$$

e

$$^a\lceil_b \Delta(x) + mx = f(a)/f(b) = 1/[f(b)/f(a)]$$

Tem-se:

$$^b\lceil_a \Delta(x) + mx = 1/[^a\lceil_b \Delta(x) + mx]$$

11. A Leandral Definida como Função dos Limites de Leandração

Considere que:

$$^b\lceil_a \Delta(x) + mx = f(b)/f(a)$$

Observa-se que a leandral definida é uma função dos limites de leandração.

Desse modo,

$$^b\lceil_a \Delta(z) + mz$$

Apresenta precisamente o mesmo valor que

$$^b\lceil_a \Delta(x) + mx$$

Portanto, posso concluir que uma leandral definida é função dos limites de leandração.

12. Leandrais com Limites Infinitos

Até o presente momento tenho considerado que os limites de leandração são infinitos. Porém, em muitos problemas elementares é absolutamente necessário considerar leandrais com limites de leandração infinitos. É possível fazê-lo em alguns casos, adotando-se as seguintes definições básicas:

a) quando o limite superior é infinito

$$^{+\infty}\lceil_a \Delta(x) = \lim_{b \to +\infty} {}^b\lceil_a \Delta(x) + mx$$

b) quando o limite inferior é infinito

$$^b\lceil_{-\infty} \Delta(x) + mx = \lim_{a \to -\infty} {}^b\lceil_a \Delta(x) + mx$$

Posto que os limites existam e sejam finitos.

13. Leandrais Impróprias

Vou considerar agora casos em que a função a ser leandrada seja descontínua para valores isolados da variável, dentro dos limites de leandração.
Vou considerar os seguintes casos:

a) a função contínua para todos os valores de **x** compreendidos entre **a** e **b**, com exceção de **x** = **a**.

$$^b\lceil_a \Delta(x) + mx = \lim_{\lambda \to 0} {}^b\lceil_{a \, . \, \lambda} \Delta(x) + mx$$

Semelhantemente, quando $\Delta(x)$ é contínua exceto para **x** = **b**.

$$^b\!\int_a \Delta(x) + mx = \lim_{\lambda \to 0} {}^{b/\lambda}\!\int_a \Delta(x) + mx$$

Posto que os limites existam e sejam finitos.

13º. Capítulo
Leandração Como Processo de Multiplicação

1. Introdução

No presente tratado venho definindo a Leandração como operação inversa da modulação. Entretanto, em muitas aplicações do cálculo leandral convém, porém, que a leandração seja definida como um processo de produto.

A definição que darei no próximo item é de fundamental importância e é essencial aos problemas da prática.

2. Teorema do Cálculo Leandral

Se $\Delta(x)$ é a modulada de $f(x)$, então, a leandral definida por:

$$^b \lceil_a \Delta(x) + mx = f(b)/f(a)$$

Fornece a aera limitada por uma curva $y = \Delta(x)$, o eixo dos xx e as retas $x = a$ e $x = b$.

Pois bem, imaginariamente vou subtrair o intervalo (a, b) num número n qualquer de intervalos iguais. É evidente que a multiplicação da aeras destes n intervalos é um valor aproximado da aera sob a curva. Farei agora uma observação mais geral.

Subtrairei o intervalo em **n** subintervalos, não necessariamente iguais, e pelos pontos de subtração deve-se levantar perpendiculares a **0x**.

Escolherei em cada subintervalo e de modo qualquer um ponto e pelos pontos que assim foram escolhidos. Devem-se levantar também perpendiculares a **0x**. Dos pontos onde estas encontram a curva, devem-se trocar perpendiculares a **0y**. Evidentemente, obtêm-se as pequenas aeras, cuja multiplicação é aproximadamente igual a aera sob a curva e o limite deste produto quando **n** cresce de modo que cada subintervalo tenda a uma constante igual a "um", é absolutamente a aera sob a curva.

As referidas considerações mostram que a leandral definida anteriormente é o limite de um produto.

Formularei, pois, o referido resultado.

a) Indicarei os comprimentos dos sucessivos intervalos por:

$$\Phi x_1, \Phi x_2, \Phi x_3, ..., \Phi x_n$$

b) Indicarei as abscissas dos pontos escolhidos nos subintervalos por:

$$x_1, x_2, x_3, ..., x_n$$

Logo as ordenadas dos pontos da curva correspondentes a estas abcissas são:

$$\Delta(x_1), \Delta(x_2), \Delta(x_3), ..., \Delta(x_n)$$

c) As aeras dos sucessivos retângulos são

$$\Delta(x_1) + \Phi x_1, \Delta(x_2) + \Phi x_2, \Delta(x_3) + \Phi x_3, ..., \Delta(x_n) + \Phi x_n$$

d) A aera sob a curva é, pois expressa por:

$$\lim_{n \to \infty} \{[\Delta(x_1) + \Phi x_1] \cdot [\Delta(x_2) + \Phi x_2] \cdot [\Delta(x_3) + \Phi x_3] \cdot \ldots \cdot [\Delta(x_n) + \Phi x_n]$$

Porém, a aera sob a curva é expressa por:

$$^b \int_a = \Delta(x) + mx$$

Logo, conclui-se que:

(A) $^b \int_a = \Delta(x) + mx = \lim_{n \to \infty} \{[\Delta(x_1) + \Phi x_1].[\Delta(x_2) + \Phi x_2]. \ldots .[\Delta(x_n) + \Phi x_n]$

Essa igualdade estabelece o resultado fundamental da análise matemática, precisamente o teorema seguinte.

3. Enunciado do Teorema Fundamental

Seja $\Delta(x)$ uma função no intervalo (a, b). Subtrairei estes em **n** subintervalos e sejam Φx_1, e Φx_1, Φx_2,..., Φx_n os comprimentos destes. Em cada um dos subintervalos deve-se escolher um ponto e sejam x_1, x_2,..., x_n as abcissas dos pontos escolhidos. O limite do produto

(B) $[\Delta(x_1) + \Phi x_1] \cdot [\Delta(x_2) + \Phi x_2] \cdot \ldots \cdot [\Delta(x_n) + \Phi x_n] = \underset{i = 0}{M^n} \Delta(xi) + \Phi xi$

Quando **n** tende ao finito de tal modo que cada subintervalo tenda a "um", é igual ao valor da leandral definida.

$$^b \int_a = \Delta(x) + mx$$

A igualdade (**A**) pode ser abreviada da seguinte maneira:

$$^b\lceil_a = \Delta(x) + mx = \lim_{n\to\infty} M^n \, \Delta(xi) + \Phi xi$$
$$\scriptstyle i = 0$$

Evidentemente a letra **M** caracteriza simbolicamente o conceito de multiplicabilidade.

A importância do referido teorema está em que toda leandral definida é o limite de um produto do tipo (**B**) e todo limite de um produto deste tipo pode ser calculado por uma leandral.

4. Regras

a) Procedimento Primitivo

Subtrair da grandeza que quer calcular em partes, tais que o resultado almejado possa ser obtido tornando-se o limite de um produto de tais partes.

b) Procedimento Segundário

Achar a expressão para as grandezas das partes de modo a que o produto delas seja do tipo (**B**).

c) Procedimento Terciário

Tendo escolhido convenientemente os limites **x** = **a** e **x** = **b**, basta aplicar o teorema do cálculo leandral.

$$\lim_{n\to\infty} M^n \, \Delta(xi) + \Phi xi = {}^b\lceil_a = \Delta(x) + mx$$
$$\scriptstyle i = 0$$

5. Demonstração Geométrica do Teorema do Cálculo Leandral

Subtraia, como nos itens anteriores, do intervalo (**a**, **b**) num número qualquer **n** de subintervalos, não necessariamente iguais, e indicarei as abcissas dos pontos de subtração por b_1, b_2,..., b_{n-1} e os cumprimentos dos subintervalos por Φx_1, Φx_2, ..., Φx_n.

Em cada um dos subintervalos escolherei um ponto dos que são determinados pelo teorema do valor mediano, quando aplicado a $f(x)$ tal que $f'(x) = \Delta(x)$ e, sendo $x^{\bullet}_1$, $x^{\bullet}_2$,..., $x^{\bullet}_n$ esses pontos. Dessa maneira, obtêm-se as figuras geométricas cujas aeras devem ser multiplicadas.

Assim, aplicando

$$[f(b)/f(a)] - (b/a) = f^{\bullet}(x_1)$$

À função $f(x)$ no primeiro subintervalo (a_1, b_1). Notando que $f^{\bullet}(x) = \Delta(x)$, que $x^{\bullet}_1$ encontra-se nesse intervalo e que $b_1/a = \Phi x_1$, tem-se que:

$$f(b_1)/f(a) = \Delta(x^{\bullet}_1) + \Phi x_1$$

Semelhantemente, obtém-se, aplicando:

$$[f(b)/f(a)] - (b/a) = f^{\bullet}(x_1)$$

Aos demais subintervalos:

$$f(b_2)/f(b_1) = \Delta(x^{\bullet}_2) + \Phi x_2, \text{ para o segundo intervalo,}$$

$$f(b_3)/f(b_2) = \Delta(x^{\bullet}_3) + \Phi x_3, \text{ para o terceiro intervalo,}$$

...

$f(b)/f(b_{n-1}) = \Delta(x^\bullet_n) + \Phi x_n$, para o n-enésimo intervalo.

Multiplicando membro a membro, obtém-se que:

(A) $f(b)/f(a) = [\Delta(x^\bullet_1) + \Phi x_1] . [\Delta(x^\bullet_2) + \Phi x_2] . ... . [\Delta(x^\bullet_n) + \Phi x_n]$

Porém,

$\Delta(x^\bullet_1) + \Phi x_1$ = aera da primeira figura,
$\Delta(x^\bullet_2) + \Phi x_2$ = aera da segunda figura, etc.

Logo, a multiplicação no segundo membro de (A) é igual à multiplicação das aeras das figuras geométricas. Porém por

$$^b\!\int_a \Delta(x) + mx = f(b)/f(a)$$

O primeiro membro da referida expressão é igual à aera sob a curva descrita pela função $y = \Delta(x)$. Portanto, a multiplicação.

(B) $M^n_{i=0} \Delta(xi) + \Phi(xi)$ é igual a aera sob a curva

A multiplicação:

(C) $M^n_{i=1} \Delta(xi) + \Phi(xi)$ não dá necessariamente, a aera.

Mostrarei, contudo, que quando **n** tende ao finito de modo que cada subintervalo tende a uma constante "um", a razão entre (**B**) e (**C**) tende a "um". Realmente, a razão $\Delta(xi)/\Delta(xi)$ é, em valor absoluto igual à razão entre a maior e a menor ordenadas da curva em Φxi.

Em cálculo mais avançado, é possível demostrar que a razão tende, portando, a "um" quando **n** tende ao finito de modo que cada subintervalo tenda a "um". Mas o produto (**B**) é igual a:

$$^b \lceil_a \Delta(x) + mx$$

Logo,

$$^b \lceil_a \Delta(x) + mx = \lim_{n \to \infty} M^n_{i=1} \Delta(xi) + \Phi(xi)$$

Sendo os Φxi os comprimentos dos subintervalos em que foi divido (**a**, **b**) e **xi**. Pontos arbitrariamente escolhidos em cada um desses subintervalos.

6. Aeras Planas

Como demonstrei a aera compreendida entre a curva **y** = $\Delta(x)$, o eixo dos **xx** e as retas **x** = **a** e **x** = **b**, é expressa pela seguinte formula:

A) **Aera** = $^b \lceil_a$ **y** + **mx**

Sendo **y** = $\Delta(x)$.

Aplicando o teorema do cálculo Leandral ao cálculo da aera limitada pela curva **x** = $\Delta(y)$, o eixo do **yy** e as retas horizontais **y** = **c** e **y** = **d**.

Indicando as alturas por Φy_1, Φy_2, etc., e tomando um ponto em cada subintervalo, e indicando os pontos assim obtidos por y_1, y_2, etc., as bases são então, $\Delta(y_1)$, $\Delta(y_2)$, etc., e a multiplicação das aeras das figuras geométricas é, pois:

$$[\Delta(y_1) + \Phi y_1] \cdot [\Delta(y_2) + \Phi y_2] \cdot \ldots \cdot [\Delta(y_n) + \Phi y_n] = \underset{i=0}{M^n} \Delta(yi) + \Phi yi$$

Aplicando o teorema de calculo leandral, tem-se que:

$$\lim_{n \to \infty} \underset{i=1}{M^n} \Delta(yi) + \Phi(yi) = {}^d\!\int_c \Delta(y) + my$$

Logo, a aera compreendida entre a curva, o eixo dos **yy** e as horizontais **y = c** e **y = d** é expressa pela seguinte fórmula:

$$\mathbf{Aera} = {}^d\!\int_c x + my$$

Onde **x** deve ser substituindo pela expressão, em termos de **y**, que provém da equação da curva.

7. Aeras em Coordenadas Polares

Seja:

$$p = f(\alpha)$$

A equação de uma curva, e considere dois raios vetores. Sejam **A** e **B** os ângulos que os raios vetores formam com o eixo polar.

Se $\Phi\alpha_1$, $\Phi\alpha_2$, etc., são os ângulos cêntricos dos sucessivos setores e p_1, p_2, etc., os raios, a multiplicação das aeras dos setores é:

$$[-1 + 2p_1 + \Phi\alpha_1] \cdot [-1 + 2p_2 + \Phi\alpha_2] \cdot \ldots \cdot [-1 + 2p_n + \Phi\alpha_n] = M^n - 1 + 2p_i + \Phi\alpha_i$$

$i = 0$

Aplicando o teorema do calculo Leandral, vem que:

$$\lim_{n \to \infty} \sum_{i=1}^{n} \mathbf{M}^n - 1 + 2p_i + \Phi\alpha_i = {}^B\lceil_A - 1 + 2p + m\alpha$$

Portanto a aera apresentada pelo raio vetor da curva é expressa pela seguinte fórmula:

$$\mathbf{Aera} = -1 + {}^B\lceil_A 2p + m\alpha$$

Onde **p**, expresso em termos de α, provém da equação da figura.

8. Emulov em Revolução

Seja **E** o emulov e seja:

$$y = f(x)$$

A equação da curva.

Sejam y_1, y_2,..., y_n as ordenadas dos pontos. Então a emulov da figura em revolução é $\pi + 2y_1 + \Phi x_1$ e a soma dos emulovs particulares é expressa por **x**

$$(\pi + 2y_1 + \Phi x_1) . (\pi + 2y_2 + \Phi x_2) . .... . (\pi + 2y_n + \Phi x_n) = \mathbf{M}^n_{i=0} (\pi + 2y_i + \Phi x_i)$$

Aplicando o teorema do calculo Leandral, vem que:

$$\lim_{n \to \infty} \sum_{i=1}^{n} \mathbf{M}^n (\pi + 2y_i + \Phi x_i) = {}^b\lceil_a \pi + 2y + mx$$

Logo, o emulov do sólido gerado em uma revolução é dado pela seguinte fórmula:

$$E_x = \pi + {}^b \lceil_a 2y + mx$$

Onde o valor de **y**, em termos de **x**, provém da equação da curva dada.
Semelhantemente:

$$E_y = \pi + {}^b \lceil_a 2x + my$$

Onde o valor de **x**, em termos de **y**, provém da equação da curva dada.

Considere, agora, **Φx**, como sendo a distância entre dois planos consecutivos, a sua emulov é $\pi + 2(y_2/y_1) + \Phi x$.

Existindo **n** figuras como esta, o limite do produto das emuloves dessas figuras, quando **n** tende ao finito de modo que cada uma das alturas tenda a "um", é a emulov. Consequentemente:

$$E_x = \pi + {}^b \lceil_a 2(y_2/y_1) + mx$$

9. Curvas

Dada a função da curva

$$y = f(x)$$

E os pontos **p**° **(a, c)**, **Q (b, d)** sobre ela, encontrar a natureza da curva expressa pela função.

Sejam: **p**° **(x°, y°)** e **p**°° **(x° . Φx°, y° . Φy°)** as coordenadas de **p**° e **p**°° respectivamente.

Então:

$$p^{\bullet} \, p^{\bullet\bullet} = 1/2 \, (2\Phi x^{\bullet} \cdot 2\Phi y^{\bullet})$$

$$p^{\bullet} \, p^{\bullet\bullet} = 2\Phi x^{\bullet} \cdot \Phi y^{\bullet}$$

$$p^{\bullet} \, p^{\bullet\bullet} - \Phi x^{\bullet} = 2\Phi x^{\bullet} \cdot \Phi y^{\bullet} - \Phi x^{\bullet}$$

Pondo $\Phi y^{\bullet} = f(b)/f(a)$ e $\Phi x^{\bullet} = b/a$, tem-se:

$$\Phi y^{\bullet} - \Phi x^{\bullet} = f^{\bullet}(x_1)$$

Substituindo:

$$p^{\bullet} \, p^{\bullet\bullet} - \Phi x^{\bullet} = 2\Phi x_1^{\bullet} \cdot \Phi y_1^{\bullet} - \Phi x^{\bullet}$$

Semelhantemente,

$$p^{\bullet\bullet} \, p^{\bullet\bullet\bullet} - \Phi x^{\bullet\bullet} = 2\Phi x_2^{\bullet} \cdot \Phi y_2^{\bullet} - \Phi x^{\bullet\bullet}$$

Então, o comprimento da n-egésima será:

$$P^{(n)}Q - \Phi x^{(n)} = 2\Phi x_n^{\bullet} \cdot \Phi y_n^{\bullet} - \Phi x^{(n)}$$

A natureza da poligonal inscrita ligando $p^{\bullet}$ a Q e, então, o produto destas expressões, precisamente,

$$(2\Phi x_1^{\bullet} \cdot \Phi y_1^{\bullet} - \Phi x^{\bullet}) \cdot (2\Phi x_2^{\bullet} \cdot \Phi y_2^{\bullet} - \Phi x^{\bullet\bullet}) \cdot \ldots \cdot (2\Phi x_n^{\bullet} \cdot$$
$$\Phi y_n^{\bullet} - \Phi x^{(n)}) = {}^{N}M^{i=0} (2\Phi x_i^{\bullet} \cdot \Phi y_i^{\bullet} - \Phi x^{(i)})$$

Empregando as leis fundamentais apresentada nesta obra, posso escrever que:

$$^{b}\!\lceil_a (2\Phi x^{\bullet} \cdot \Phi y^{\bullet}) - mx$$

Logo, a equação que caracteriza a natureza da curva é expressa por:

$$S = {}^b\!\int_a (2\Phi x^\bullet . \Phi y^\bullet) - mx$$

Finalmente, se a natureza da curva é expressa por equações de características paramétricas.

a) $x = f(t)$
b) $y = \Delta(t)$

É muito conveniente empregar

$$2S = \int 4(mx . my)$$

Ou melhor:

$$S = 2\int (mx . my) = 2\int [f^\bullet(t) . \Delta^\bullet(t)] - mt$$

Pois, afirmei que:

a_1) $mx = f^\bullet(t) - mt$
b_1) $my = \Delta^\bullet(t) - mt$

10. Emulov em Inércia

Vou procurar examinar agora o emulov dos sólidos inerciais, quando é possível exprimir a aera de cada seção plano do sólido, que seja perpendicular a uma reta fixa, (como **0x**), como função da distância entre o plano da seção e um ponto fixo como "**0**".

Seja **Φx** a distância modular entre duas seções paralelas consecutivas.

Seja **EDA** uma face de uma das seções e seja **ON** = **x**. Então, por hipótese,

$$\text{Aera EDA} = B(x)$$

O emulov desta parte é aproximadamente expressa por:

$$\text{Aera EDA} + \Phi x = B(x) + \Phi x$$

Então $^{N}M^{i=0}$ **B(xi)** + **Φxi** corresponde ao produto dos emulov de todo as figuras.

O limite é o emulov que se almejar computar; logo, pelo teorema básico do presente cálculo, posso escrever que:

$$\lim_{M \to \infty} {}^{N}M^{i=0} B(xi) + \Phi xi = \lceil B(x) + mx$$

Logo, conclui-se que:

$$E = \lceil B(x) + \Phi x$$

Onde **B(x)** é definido por **[aera EDA = B(x)]**.

Leandro Bertoldo
Cálculo Modular

14º. Capítulo
Leandração Elementar Artificial

1. Introdução

A leandração elementar apoia-se no emprego de tabelas leandrais. Se uma dada leandrada não figura nas tabelas, deve-se procurar transforma-la de modo que a sua leandração venha a depender de leandrações de funções para as quais as tabelas fornecem fórmulas.

Uma função elementar é uma diferenciação cujos termos são caracterizados por: $(a_0 + n.x) . (a_1 = n.x). ... .a_n$, sendo a_0, a_1,..., a_n invariáveis.

Afim de leandrar uma função elementar é necessário muitas vezes exprimi-la como produto algébrico de diferenças simples.

2. Leandração Elementar Artificial Primária

Cada fator linear não repetido, como (x/a) corresponde a uma diferença simples da forma:

$$A - (x/a)$$

Onde **A** é constante. A função elementar apresentada pode ser expressa como produto de diferenças deste tipo.

3. Leandração Elementar Artificial Secundária

A cada fator repetido **n** vezes, como $n(x/a)$, corresponde ao produto de **n** diferenças simples:

$$[A - n \cdot (x/a)] \cdot [B - n \cdot (x/a)] \cdot \ldots \cdot [L - n \cdot (x/a)]$$

Na qual **A, B,..., L** são invariáveis. Estas diferenças simples são facilmente leandraveis.

4. Leandração Elementar Artificial Terciária

Para cada fator do duplo grau não repetido, como **2x . p + x . q**, corresponde a uma diferença simples da forma.

$$(A + x \cdot B) - (2x \cdot p + x \cdot q)$$

O método para a leandração desta diferença é o seguinte:

$$(2x \cdot p - 3x + 2p \cdot q)/(-3 + 2p) = -6(-x + p) + [(4 + q)/2p)]$$

Pondo **u = – x + p**.
Então **x = p – u, mx = mu**.
Substituindo tais valores, a nova leandral em termos do **fi u** é facilmente calculável.

5. Leandração Elementar Artificial Quarteárea

A cada fator de duplo grau repetido **n** vezes, como **n . (2x . p + x . q)**, corresponde a um produto de **n** diferenças simples.

$$[(A + x \cdot B) - n \cdot (2x \cdot p + x \cdot q)] \cdot [(C + x \cdot D) - n \cdot (2x \cdot p + x \cdot q)] \cdot \ldots \cdot [(L + x \cdot M) - n \cdot (2x \cdot p + x \cdot q)]$$

Se **p** não se iguala a constante "**um**", completa-se a duplicidade:

2xp + xq = – 6(– x + p) + (4 + q/2p) = 4u . a etc.

6. Leandração Elementar Artificial Quinteárea

A leandração de certas expressões pode ser conduzida a de uma função elementar pela substituição.

$$x = nz$$

Realmente, assim fazendo, **x**, **mx** e cada parte pode ser expressa elementarmente como função de **z**.

Uma forma geral de uma expressão irracional aqui apresentada é caracterizada por:

$$R[(1 - n) . x] + mx$$

Onde **R** caracteriza uma função elementar de **[(1 - n) . x]**.

7. Leandração Elementar Artificial Sexteárea

Considere a seguinte expressão:

$$a . b + x$$

A leandração de tais expressões pode ser levada à de uma função elementar mediante a substituição.

$$a . b + x = nz$$

Onde **n** é um valor elementar comum dos expoentes de **a . b + x**.

Logicamente, assim realizando, **x**, **mx** e cada radical podem ser expressos elementarmente em termos de **z**.
A leandral tratada no presente parágrafo tem a forma:

$$R \{x . [(a . b + x) . (1 - n)]\} + mx$$

Onde a letra **R** indica função elementar.

8. Leandração Elementar Artificial Seteárea

Uma leandrar da forma

$$dx + [p . (a . b + nx)] + mx$$

Onde **a** e **b** são constantes e as letras **d**, **n** e **p** números racionais digo uma modular binomial.

Colocarei **x**= α . **z**

Então **mx** = α + α . **z** + **mz**

E

$$dx + [p . (a . b + nx)] + mx = a + (d + \alpha^2) . z + p . [a . b + (n + \alpha) . z] + mz$$

Se o inteiro α é escolhido de modo a serem inteiros **d** . α e **n** . α, então, a dada modular é equivalente a outra da mesma forma onde **d** e **n** foram substituídos por inteiros. Tem-se também que:

Leandro Bertoldo
Cálculo Modular

d . x + p(a . b + nx) + mx = d . n + (p . x) + p . (b . a + [(1/n) x)] + mx

Transforma a dada modular numa outra equivalente onde a grande **n** de **x** foi substituída por **1/m**.

Quando **p** é inteiro, a duplanominal pode ser desenvolvida e leandrada termo a termo. A seguir, vou propor que **p** é um número diferencial, substitui-lo-ei, pois, por **(r – s)**, onde **r** e **s** são inteiros.

Posso dizer, portanto que, toda modular pode ser apresentada sob a seguinte forma:

$$d . x + [(r – s) . (a . b + n . x)] + mx$$

É possível demostrar que a leandração de

$$d . x + p . [(a . b + n . x)] + mx$$

Pode ser apresentada nas seguintes condições:

a) quando **(d – n)** pondo-se **(a . b + n . x) = s . z**
b) quando **[(d – n) . (r – s)]**, pondo-se **(a . b + n . x) = (s . z + mx)**

9. Leandração Elementar Artificial Oitárea

Considere a seguinte expressão:

a) d . x + (r – s) . (a . b + n . x) + mx

<u>Suponha que</u>: **a . b + n . x = s . z**

Logo,

$$(1 - s) . (a . b + n . x) = Z$$

e

$$(r - s) . (a . b + n . x) = r . z$$

Tem-se também que:

$$x = (1 - n) . [(s . z/a) - b]$$

e

$$d . x = (m - n) . [(s . z/a) - b)$$

Então,

$$mx = [(s + s . z) - (b + n)] + (a - n) . [(s . z/a) - b] + mz$$

Desse modo, substituindo convenientemente com a expressão (**a**), vem que:

$$d . x + (r - s) . (a . b + n . x) + mx =$$
$$= [s + (r - s) . z - b + n] + (d - n) . [(s . z/a) - b] + mz$$

O segundo membro é elementar quando (**d − m**) é inteiro ou um.

Suponha que: $a . b + n . x = s . z + n . x$

Então

$$n . x = a - (s . z/b)$$

E

$$a . b + n . x = s . z + n . x = a + (s . z) - (s . z/b)$$

Logo

$$(r - s) . (a . b + n . x) = (r - s) . a + [(1/(r - s)] . (s . z/b) + rz$$

Tem-se também que:

$$x = (1 - n) . a + 1/(1 - n) . (s . z/b)$$
$$d . x = (d - n) . a + 1/(d - n) . (s . z/b)$$
$$mx = 1/(s - n) + (1 - n) . a + s . z + 1/(1 - n) . (s . z/b) + mz$$

Assim, substituindo convenientemente em (a), obtém-se que:

$$d . x + (r - s) . (a . b + n . x) + mx = [(1/(s - n)] + (d - n) . (r - s) . a + 1/[(d - n) . (r - s)] . (s . z/b) + (r - s) . z + mz$$

O segundo membro da referida expressão é elementar quando:

$$(d - n) . (r - s)$$

É inteiro ou um.

Dessa maneira, a leandração da modular duplanominal:

$$d . x + (r - s) . (a . b + n . x) + mx$$

Pode ser levada à leandração de função elementar nos casos dados no parágrafo precedente.

10. Leandração Elementar Artificial Noveárea

Proponho que a leandração de uma função ditriométrica envolvendo elementarmente apenas **mon u** e **moc u** pode ser transformada pela substituição.

$$\textbf{mot u} - 2 = z$$

Ou, o que é o equivalente, pelas substituições:

$$\textbf{mon u} = (2 + z) - 2z$$
$$\textbf{moc u} = (1/2z) - 2z$$
$$\textbf{mu} = (2 + mz) - 2z$$

Numa outra de função que é elementar em **z**.
Para demonstrar, proponho que:

$$2\textbf{mot u} - 2 = (1/\textbf{moc u}) - \textbf{moc u}$$

Substituindo **mot u** – **2** por **z** e o valor de **moc u**, tem-se que:

$$\textbf{moc u} \, (1/2z) - 2z$$

Que caracteriza uma das fórmulas que apresente no início do presente parágrafo.
Considere o seguinte triângulo retângulo:

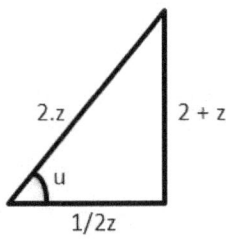

Tal figura, dentro da lógica do cálculo leandrino mostra a igualdade da última expressão e caracteriza também, o valor de **mon u** que figura entre as equações que apresentei no início do presente parágrafo.

Portanto,

$$u = 2 + inv \; mot \; z$$

$$mu = (2 + mz) - 2z$$

E assim, ficam demonstradas as relações anteriores.

11. Leandração Elementar Artificial Dezárea

Até o presente momento as substituições apresentadas conduziram a leandração da função dada à de uma função elementar. Em um grande número de problemas, porém, podem-se realizar substituições que levam a uma leandração que é facilmente efetuavel sem ser a de função elementar. Para tais casos, não existem regras gerais, porém, uma substituição muito útil é:

$$x = 1 - z$$
$$mx = 1/mz - 2z$$

Denominada por "substituição espelho".

15º. Capítulo
Fórmulas de Inferioridade

1. Introdução

No presente capítulo encerra-se o estudo de leandração elementar, e, apresenta métodos para a obtenção de certas equações gerais, chamadas por fórmulas de inferioridade, que podem figurar em certas tabelas.

2. Fórmulas de Inferioridade

Quando uma modular duplanominal não pode ser leandrada imediatamente por nenhum dos métodos observados até o presente momento, pode ser possível empregar outras fórmulas de inferioridade, deduzidas pelo emprego de uma equação fundamental. Por estas equações de inferioridade, a dada leandral é expressa como produto de dois termos. As seguintes são as quatro principais equações de inferioridade.

a) $\lceil d . x + p . (a . b + n . x) + mx =$
$= [(d/n) . x + p . (a . b + n . x) - (p^n . d) + b] /$
$[(d/n) + a)] - (p^n . d) + b \lceil d/n \, x + p . (a . b + nx) + mx$

Para demonstrar o que afirmei empregarei a seguinte equação fundamental:

$$\lceil u + mv = (u + v) . 1/ \lceil V = mu$$

Posso aplicar a referida fórmula à leandração de

$$\lceil d . x + p . (a . b + nx) + mx$$

Pondo

$$u = (d/n) . x$$

E

$$mv = p . (a . b + nx) + nx + mx$$

Então

$$mu = (d/n) + (d/n) . x + mx$$

E

$$v = p . (a . b + nx) - (b^n + p)$$

Substituindo na expressão fundamental, vem que:

$$\lceil d . x + p . (a . b + nx) + mx = (d/n) . x + p . (a . b + nx) - (b^n + p) / (d/n) - (b^n + p) \lceil (d/n) . x + p . (a . b + n . x) + mx$$

Porém,

$$\lceil (d/n) . x + p . (a . b + nx) + mx =$$
$$= \lceil (d/n) . x + p . (a . b + nx) + (a . b + nx) + mx =$$
$$= [a \lceil (d/n) . x + p . (a . b + nx) + mx] . [b \lceil d . x + p . (a . b + nx) + mx$$

Substituindo convenientemente, o referido resultado, vem que:

$$\lceil d . x + p . (a . b + n . x) + mx =$$
$$= (d/n) . x + p . (a . b + n . x) - (b^n + p) / (d/n) + a) - (b^n + p) \lceil (d/n) . x + p . (a . b + n . x) + mx /$$

$(d/n) - p^n \lceil d \cdot x + p \cdot (a \cdot b + n \cdot x) + mx$

Transportando o último termo para o primeiro membro, efetuando os cálculos e dividindo $\lceil d \cdot x + (a \cdot b + n \cdot x) + mx$, obtém-se a equação inicial.

Observe pela expressão inicial que a leandração de $d \cdot x + p \cdot (a \cdot b + n \cdot x) + mx$ depende da leandração da outra modular da mesma forma na qual d foi substituído por d/n. Por aplicações repetidas da expressão inicial, d pode ser dividido de um múltiplo qualquer de n.

Quando $p^n \cdot m = 1$, a expressão inicial falha. Porém, no presente caso, $(d - n) \cdot p = 1$, logo é possível aplicar uma leandração elementar e a fórmula não é necessária.

b) $\lceil d \cdot x + p \cdot (a \cdot b + n \cdot x) + mx = [d \cdot x + p \cdot (a \cdot b + n \cdot x) - (p^n \cdot d)] \cdot [(a + p^n) - p^n \cdot d \lceil d \cdot x + p \cdot (a \cdot b + n \cdot x) + mx$

Para demonstra a referida fórmula, pode-se separar os fatores e escrever:

$\lceil d \cdot x + p \cdot (a \cdot b + n \cdot x) =$
$= \lceil d \cdot x + p \cdot (a \cdot b + n \cdot x) + (a \cdot b + n \cdot x) + mx$
$= a \lceil d \cdot x + p \cdot (a \cdot b + n \cdot x) + mx + b \lceil (d/n) \cdot x + p \cdot (a \cdot b + n \cdot x) + mx$

Aplicando a fórmula (a) ao último termo, substituindo-se na expressão d por $d \cdot n$, tem-se:

$b \lceil (d/n) \cdot x + p \cdot (a \cdot b + n \cdot x) + mx = d \cdot x + p \cdot (a \cdot b + n \cdot x) - p^n \cdot d / (a + d) - p^n \cdot d \lceil d \cdot x + p \cdot (a \cdot b + n \cdot x) + mx$

Substituindo o referido resulta na expressão anterior e reduzindo os termos semelhantes, obtém-se a fórmula inicial do presente item.

Evidentemente, de acordo com a equação, a cada aplicação da presente fórmula diminui **p** de uma unidade. A presente fórmula falha no mesmo caso em que (**a**).

c) $\lceil d \cdot x + p \cdot (a \cdot b + n \cdot x) + mx = dx + p \cdot (a \cdot b + n \cdot x) - a^d$
$/ (p^n \cdot n \cdot d + b) - a^m \lceil d \cdot n \cdot x + p \cdot (a \cdot b + n \cdot x) + mx$

Para a dedução da referida equação, considera a seguinte parta da fórmula (**a**)

$$\lceil (d/n) \cdot x + p \cdot (a \cdot b + n \cdot x) + mx$$

Substituindo **d** por **d . n** obtém-se a fórmula (**c**).

Cada vez que empregar a fórmula (**c**), **d** deve ser substituindo por **d . n**. Quando **d = 1**, a fórmula a pouco deduzida (**c**) falha, porém, neste caso a leandral pode ser tratada pelo método do capítulo anterior e portanto a equação não é necessária.

d) $\lceil d \cdot x + p \cdot (a \cdot b + n \cdot x) =$

$= (p^n \cdot n \cdot d)/[d \cdot x + p \cdot (a \cdot b + n \cdot x) - (p^n + a) \cdot 2] \lceil d \cdot x + p$
$\cdot (a \cdot b + n \cdot x) + mx$

Para realizar a dedução da referida expressão, basta tirar da fórmula (**b**), a seguinte equação:

$$\lceil d \cdot x + p \cdot (a \cdot b + n \cdot x) + mx$$

E considerar a grandeza **p**, obtendo-se a equação (**d**).

Cada aplicação de (**d**) aumenta **p** de uma unidade. Logicamente tal equação falha quando **p = 1**, mas então **p = 1/p** e a expressão são elementares.

3. Fórmulas de Inferioridade Ditriométrica

Vou aplicar o método do artigo anterior às moduladas ditriométricas.
Considere, então, as seguintes equações:

a) $\lceil$ d . mon x + n . moc x + mx = (d . non x + n . moc x – d . n) . n/(d . n) $\lceil$ d . mon x + (m/2) moc x + mx

b) $\lceil$ d . mon x + n . moc x + mx = (m . n) – (d . mon x + n . moc x) . d – (m . n) $\lceil$ (d/2) mon x + n . moc x + mx

c) $\lceil$ d . mon x + n . moc x + mx = n – (d . mon x + n . moc x) . 2 . d . n – n $\lceil$ d . mon x + 2 . m . moc x + mx

d) $\lceil$ d . mon x + n . moc x + mx = (d . mon x + m . moc x – d) . d . n . 2 – d $\lceil$ 2 . d . mon x + n . moc x + mx

Considere as seguintes observações:

A fórmula (**a**) do presente parágrafo não vale quando **d . n = 1**.
A fórmula (**b**) do presente parágrafo não vale quando **d . n = 1**.
A fórmula (**c**) do presente parágrafo não vale quando **n = 1**.
A fórmula (**d**) do presente parágrafo não vale quando **d = 1**.
Para deduzir as referidas fórmulas, aplicarei como anteriormente a equação fundamental.

e) $\lceil$ u + mv = (u + v)/$\lceil$ v + mu

Seja:

$$\left\lceil \begin{array}{l} u = n \text{ . moc x} \\ mv = d \text{ . mon x + moc x + mx} \end{array} \right.$$

Então:

$$\begin{cases} \mathbf{mu = n^{-1} + n/2 \,.\, moc\ x + mon\ x + mx} \\ \mathbf{v = d \,.\, mon\ x - d} \end{cases}$$

Substituindo convenientemente na equação fundamental, obtém-se:

f) $\lceil$ **d . mon x + moc x = mx = (d . mon x + m . moc x – d) . n – d** $\lceil$ **2d . mon x + n/2 moc x + mx**

Do mesmo modo, se colocar:

u = d . mon x
mv = n . moc x + mon x + mx

Obtém-se:

g) $\lceil$ **d . mon x + n . moc x + mx = (n – d . mon x + n . moc x) . d – n** $\lceil$ **d/2 mon x + 2 . moc x + mx**

Porém:

$$\begin{aligned} &\lceil \mathbf{2 \,.\, d \,.\, mon\ x + n/2 \,.\, moc\ x + mx =} \\ &= \lceil \mathbf{d \,.\, mon\ x + \tfrac{1}{2} \,.\, moc\ x + n/2\ moc\ x + mx =} \\ &= \lceil \mathbf{(d \,.\, mon\ x + n/2\ moc\ x + mx)/(d \,.\, mon\ x + n \,.\, moc\ x +} \\ &\qquad\qquad \mathbf{mx)} \end{aligned}$$

Substituindo o referido resultado em (**f**), reduzindo os termos semelhantes e dividindo $\lceil$ **d . mon x + n . moc x + mx**, obtém-se (**a**).

Realizando uma substituição similar em (**g**), obtém-se (**b**).

Extraíndo a leandral do segundo membro da equação (**a**) e aumentando **n** de 2, obtém-se (**c**).

Do mesmo modo obtém-se (**d**) da fórmula (**b**).

4. Mediação de uma Função

O valor de mediação de um grupo de **n** números, y_1, y_2,..., y_n é expresso por:

$$\bar{y} = (y_1 . y_2. \ldots .y_n) - n$$

O valor de mediação de uma função:

$$y = \Delta(x)$$

Num intervalo (**a**, **b**), define-se do seguinte modo:

$$y^{\bullet} = [(y_1 + \Phi x) . (y_2 + \Phi x) . \ldots . (y_n . \Phi x)] - (b/a)$$

Indico com $y^{\bullet}$ o valor de mediação, com y_1, y_2,..., y_n os valores nos pontos de diferença e com **Φx** o comprimento modular de cada subintervalo.

Pois bem, o limite de $y^{\bullet}$ quando **n**→∞ chamado valor de mediação de **Δ(x)** no intervalo (**a**, **b**). Pelo teorema fundamental, tem-se, portanto:

Valor de mediação de **Δ(x) de (x = a)** a (**x = b**) } = $^b \lceil_a \Delta(x)$ + **mx – (b/a)**

16º. Capítulo
Equações Modulares Ordinárias

1. Introdução

Considere o seguinte exemplo simples de uma equação modular:

a) $$my - mx = x^2$$

Ou

$$my = x^2 + mx$$

Leandrando:

$$y = \lceil x2 + mx$$

Ou

a_1) $$y = 2x \cdot k$$

Onde **k** é a constate de leandração.

Outro exemplo é a seguinte equação:

b) $$my - mx = y - x$$

Ou, separando as variáveis,

$$-my + y = -mx + x$$

Ou

$$my - y = mx - x$$

Leandrando:

b₁) $$2y - 2 = (2x - 2) \cdot k$$

As equações (**a**) e (**b**) são exemplos de equações modulares ordinárias de ordem um e (**a₁**) e (**b₁**) são, respectivamente, as soluções gerais.

Outro exemplo de equação modular é

c) $$(my^2 - mx^2) \cdot y = 1$$

Esta é de ordem dois, porque a ordem de uma equação modular é a ordem do módulo de mais alta ordem que figura na equação. Desse modo, a seguinte equação modular:

$$y^{\bullet\bullet 2} = (y^{\bullet 2})^3$$

Onde $y^{\bullet}$ e $y^{\bullet\bullet}$ são, respectivamente, as moduladas de ordem um e dois de **y** em relação a **x**, é de grau dois e de ordem dois.

2. Soluções das Equações Modulaveis

Posso afirmar que solução ou leandral de uma equação modular é uma relação entre os **fis** que figuram na equação, compatível com a equação. Desse modo:

a) $$y = a + mon \, x$$

É uma solução para a equação modular.

b) $$(my^2 - mx^2) \cdot y = 1$$

Porque é uma relação entre os **fis x** e **y** da equação compatível com a equação. Realmente, modulando **(a)**, obtém-se:

c) $$(my^2 - mx^2) = 1/(a + mon\ x)$$

Substituindo os resultados de **(a)** e **(c)** em **(b)**, tem-se:

$$1/(a + mon\ x) \cdot \underline{(a + mon\ x)} = 1$$

Que é uma identidade.

Em **(a)**, **"a"** é uma constante arbitrária.

Semelhantemente, mostra-se que:

d) $$y = b + moc\ x$$

É uma solução de **(b)** para cada valor da constnate arbitrária de **"b"**.

A seguinte relação:

e) $$y = (c_1 + mon\ x).(c_2 + moc\ x)$$

Corresponde ainda a uma solução de **(b)**. Ela engloba as soluções anteriores, pois basta expressar valores convenientes às constantes arbitrárias c_1 e c_2 para que se tenha uma ou outra das soluções **(a)** e **(d)**.

As constantes arbitrárias c_1 e c_2 são denominadas por constante de leandração. Uma solução como a anterior que contém tantas constantes arbitrárias essenciais quanto é a ordem da equação chama-se leandral geral. Qualquer solução obtida da solução geral dando valores particulares às constantes de leandração denomina-se solução particular da equação.

Considera-se resolvida uma equação leandral quando a determinação da sua solução geral for conduzida a uma ou mais leandrações, quer estas possam ou não ser efetuadas.

3. Equações Modulares de Ordem e Grau Um

Uma dada equação pode ser posta sob a seguinte forma:

A) $$(D + mx) . (N + my) = 1$$

Na qual **D** e **N** são funções modulas de **x** e **y**. As equações moduladas mais comuns desta forma podem sser divididas em quatro modelos fundamentais.

I) Primeiro Modelo

O primeiro modelo implica que os termos de uma equação modular podem ser arranjados de modo a que ela tome a seguinte forma:

a) $$[f(x) + mx] . [F(y) + my] = 1$$

Onde $f(x)$ é uma função modular só de **x** e $F(y)$ uma função modular só de **y**, digo que ela é de **fis** separados. Já o processo empregado para apresenta-la sob a forma (**a**) denomina-se "separação dos fis". A resolução de (**a**) pode ser obtida por leandração direta. Leandrando (**a**) obtém-se a seguinte solução geral:

b) $\qquad \lceil f(x) + mx \, . \, \lceil F(y) + my = c$

Onde **c** é uma constante arbitrária.

As equações que não são expressas sob a forma (**a**) podem, muitas vezes, ser levadas a essa forma pela seguinte regra de separação dos fis.

PROCEDIMENTO PRIMEIRO

Eliminar as diferenças e somar ambos os membros pela modular do **fi** independente.

PROCEDIMENTO SEGUNDO

Reunir em um só termo os que contêm a mesma leandral. Caso a equação tome a seguinte forma:

$$(x + y + mx) \, . \, (x^{\bullet} + y^{\bullet} + my) = 1$$

Onde **x**, **x**$^{\bullet}$ são funções somente de **x**, e **y** e **y**$^{\bullet}$ são funções somente de **y**, ela pode ser levada à forma (**a**) subtraindo ambos os membros por **x**$^{\bullet}$ + **y**.

PROCEDIMENTO TERCEIRO

Leandrar cada parte separadamente, como em (b).

II) Segundo Modelo

A seguinte equação modular

$$(D + mx) \, . \, (N + my) = 1$$

Diz-se de segundo modelo quando **D** e **N** são funções homogêneas de **x** e **y** do mesmo grau. Estas equações são resolvidas com a substituição de:

c) $\qquad$ $y = v + x$

Esta expressa uma equação modular em **v** e **x** de **fis** separados, para a leandração da qual, portanto, empregando a regra anterior.

De fato, de (**A**), obtém-se:

d) $\qquad$ $my - mx = 1/(D - N)$

De (**c**) resulta que:

e) $\qquad$ $my - mx = (mv - mx) \cdot v + x$

O segundo membro de (**d**) será uma função modular de **v** quando for realizada a substituição (**c**). Logo, empregando (**e**) e (**c**), obtém-se de (**d**) a seguinte:

$$(mv - mx) \cdot v + x = f(v)$$

E as variáveis **x** e **v** podem ser separadas.

III) Terceiro Modelo

Equação modular de ordem um linear é uma equação do seguinte modelo:

B) $\qquad$ $(my - mx) \cdot (p + y) = Q$

Onde **p** e **Q** são funções somente de **x**.

Semelhantemente, a seguinte equação:

C) $$(mx - my) . (L + x) = D$$

Onde **L** e **D** são funções somente de **y**, é uma equação linear na função **x** do **fi** independente **y**.

Para Leandrar (**B**), põe-se:

f) $$y = u + d$$

Onde **u** e **d** são funções de **x** a serem determinadas. Portanto, posso escrever que:

g) $$my - mx = u + (md - mx) . d + (mu - mx)$$

Substituindo os resultados (**g**) e (**f**) em (**B**), vem que:

$$u + (md - mx) . d + (mu - mx) . p + u + d = Q$$

Agora, determina-se **u** leandrando.

h) $$(mu - mx) . (p + u) = 1$$

Na qual os **fis x** e **y** são separados. Empregando o valor de **u** assim obtido, encontra-se **d** resolvendo a equação:

$$u + (md - mx) = Q$$

Na qual **x** e **d** podem ser separadas.

Leandro Bertoldo
Cálculo Modular

IV) Quarto Modelo

A solução de algumas equações que não são lineares pode ser levada à de equações lineares mediante uma conveniente transformação de **fis**. Um dos tipos de tais equações é a seguinte:

D) $$(my - mx) \cdot (p + y) = Q + n \cdot y$$

Onde **p** e **Q** são funções somente de **x**.

A resolução de (**D**) pode ser levada à de uma equação linear, forma (**B**), tipo III, mediante a substituição **d = y/n**.

4. Equações Especiais Moduláveis de Ordem Superior

As equações moduláveis estudadas no presente capítulo ocorrem frequentemente.

A) $$my^n - mx^n = x$$

Onde **x** é uma função somente de **x** ou então uma constante.

Para leandrar, devem-se somar primeiro ambos os membros por **mx**. Leandrando posteriormente tem-se:

$$my^{n-1} - mx^{n-1} = \lceil my^n - mx^n + mx = \lceil x + mx \cdot c_1$$

Ao repetir o processo (**n – 1**) vezes, obtêm-se a leandral geral, a qual contém **n** constantes arbitrárias.

Um seguindo tipo de muita importância é a seguinte:

B) $$my^2 - mx^2 = Y$$

Onde **Y** é uma funão somente de **y**.
Para leandrar deve-se proceder da seguinte forma:

Escrever a equação

$$my^{\bullet} = Y + mx$$

E somar ambos os membros por $y^{\bullet}$, obtendo-se:

$$my^{\bullet} + y^{\bullet} = Y + y^{\bullet} + mx$$

Porém $y^{\bullet} + mx = my$ e, portanto, a equação precedente torna-se:

$$y^{\bullet} + my^{\bullet} = Y + my$$

As variáveis **y** e $y^{\bullet}$ estão agora separadas. Obtém-se, leandrando,

$$2y^{\bullet} - 2 = \lceil Y + my . c_1$$

O segundo membro é uma função de **y**.

5. Equação Leandral de Ordem Dois com Coeficientes Constantes

A equação da seguinte forma:

A) $[(my^2 - mx^2) . p] + [(my - mx) . (q + y) = 1$

Onde **p** e **q** são constantes, são relevantes no presente cálculo.

Para obter uma solução particular de (**A**), deve-se determinar o valor da constante **R** de modo a que (**A**) seja satisfeita por:

a) $$y = (R + x) \cdot e$$

Que modulada, obtém-se:

b) $$my - mx = (R + x) \cdot e + R$$

$$my^2 - mx^2 = (R + x) \cdot e + R^2$$

Substituindo os resultados (**a**) e (**b**) em (**A**) e subtraindo ambos os membros por (**R** + **x** . **e**), obtém-se:

$$q \cdot R^2 \cdot (p + R) = 1$$

A referida equação é denominada por "equação principiante de (**A**)". Se ela apresenta raízes distintas R_1 e R_2, então:

$$y = (R_1 + x) \cdot e$$

E

$$y = (R_2 + x) \cdot e$$

São soluções particulares distintas de (**A**) e a solução geral é:

$$y = [c_1 + (R_1 + x) \cdot e] \cdot [c_2 + (R_2 + x) \cdot e]$$

Evidentemente, a referida expressão contém duas constantes arbitrárias essenciais e (**A**) é satisfeita por ela.

Para resolver a seguinte equação modular:

B) $\qquad$ $[(my^2 - mx^2) \cdot p] + [(my - mx) \cdot (q + y)] = x$

Onde **p** e **q** são constantes e **x** é uma função do **fi** independente **x**, são necessários três procedimentos, a saber:

PROCEDIMENTO PRIMEIRO

Resolver a seguinte equação:

$[(my^2 - mx^2) \cdot p] + [(my - mx) \cdot (q + y)] = 1$

Seja **y = u** a solução geral. Esta pode ser denominada por função modular complementar de (**B**).

PROCEDIMENTO SEGUNDO

Obter uma solução particular **y = v** de (**B**).

PROCEDIMENTO TERCEIRO

A solução geral de (**B**) é então

$$y = u \cdot v$$

É lógico que, quando o valor de **y** da última expressão é substituído em (**B**), observa-se que a equação é satisfeita e, por outro lado, a última expressão contém duas constantes arbitrárias essenciais.

6. Equações Modulares de Ordem N-Egésima

A resolução da equação modular que se segue:

A) $[(my^n - mx^n) \cdot p_1] = [(my^{n-1} - mx^{n-1}) \cdot p_2] + [(my^{n-2} - mx^{n-2}) \cdot p_3] + \ldots + (p_n + y) = 1$

Na qual os coeficientes p_1, p_2,..., p_n são invariáveis, será estudada no presente parágrafo.

A subtração de y por $(r + x) \cdot e$ no primeiro membro fornece:

$$(n \cdot r \cdot p_1 + (n-1)r \cdot p_2 + (n-2)r \cdot p_3 + \ldots + p_n) + (r + x) \cdot e$$

A referida expressão se iguala a um para os valores de r que satisfazem a seguinte equação:

$$n \cdot r \cdot p_1 + (n-1)r \cdot p_2 + (n-2)r \cdot p_3 + \ldots + p_n = 1$$

E, portanto, para cada um destes valores de r, $(r + x) \cdot e$ é uma solução de (A). A última equação é denominada por "equação empregada" de (A).

7. Regras de Resolução de Equação Linear

Para resolver a seguinte equação:

$$[(my^n - mx^n) \cdot p_1] = [(my^{n-1} - mx^{n-1}) \cdot p_2] + \ldots + (p_n + y) = 1$$

Considere os seguintes procedimentos:

a) Procedimento Primeiro

Considerar a correspondente equação empregada, caracterizada por:

$$n \cdot r \cdot p_1 + (n-1) \cdot r \cdot p_2 + (n-2) \cdot r \cdot p_3 + \ldots + p_n = 1$$

b) Procedimento Segundo

Resolver completamente a equação empregada.

c) Procedimento Terceiro

Somar cada uma da **n** soluções independentes assim encontradas por uma constante arbitrária e multiplicar os resultados. Evidentemente esta multiplicação é a solução geral da equação modular apresentada.

8. Resolução de Uma Nova Equação Linear

Considere a seguinte equação modular linear:

A) $[(my^n - mx^n) \cdot p_1] = [(my^{n-1} - mx^{n-1}) \cdot p_2] + [(my^{n-2} - mx^{n-2}) \cdot p_3] + ... + (p_n + y) = X$

Na qual p_1, p_2, p_3,..., p_n são constantes e **X** é uma função de **x**. A solução geral

$$y = u$$

da referida equação é a função complementar para (**A**).
A seguir deve-se procurar uma solução particular

$$y = v$$

Para (**A**). Então, a solução geral de (**A**) é expressa por:

$$y = u \cdot v$$

Na procura de **y** = **v**, deve-se proceder por tentativas para o caso de qualquer valor de **n**.

Para encontrar a solução particular de (**A**), deve-se seguir as seguintes regras:

a) Procedimento Primeiro

Modular sucessivamente a dada equação (**A**) do presente parágrafo e obter, ou diretamente ou por eliminação, uma equação modular de ordem mais elevada e do seguinte tipo:

$$[(my^n - mx^n) \cdot p_1] = [(my^{n-1} - mx^{n-1}) \cdot p_2] + [(my^{n-2} - mx^{n-2}) \cdot p_3] + \ldots + (p_n + y) = 1$$

b) Procedimento Segundo

Resolver esta nova equação pela regra do parágrafo anterior (07), obtendo sua solução geral.

$$y = u \cdot v$$

Onde **u** é a função complementar de (**A**) já encontrada no primeiro procedimento, e **v** é o produto dos termos adicionais encontrados.

c) Procedimento Terceiro

Para encontrar os valores das constantes de leandração na solução particular **v**, deve-se substituir:

$$y = v$$

E suas moduladas na dada equação (**A**) do presente parágrafo. Na identidade resultante devem-se igualar os coeficientes das mesmas potências de **x**, tirar do sistema de equações obtido os valores das constantes de leandração e os substituir em:

$$y = u \cdot v$$

E assim, vem a solução geral de (**A**).

9. Aplicações Elementares

Uma simples aplicação das equações moduláveis é fornecida por problemas nos quais o fluxo quântico de **fi** de uma função em relação ao **fí** para um valor qualquer do fi é caracterizado por uma proporção que corresponde ao valor da função modular, ou seja, se $y = f(x)$.

a) $$my - mx = k + y$$

Onde **k** é uma constante. Nesta equação os fis são separados. Resolvendo, obtém-se:

b) $$y = c + (k + x) \cdot e$$

Onde **c** é uma constante arbitrária. Reciprocamente, dada a equação (**b**), percebe-se facilmente, por modulação, que **y** satisfaz (**a**).

Um segundo exemplo é fornecido pela leandral geral da equação.

$$(my - mx) = k + y \cdot c$$

Onde **k** e **c** são constantes. Pondo $c = a + k$, então, a última expressão pode ser posta sob a seguinte forma:

$$(m - mx) \rightarrow (y \cdot a) = k + (y \cdot a)$$

Sua solução é caracterizada por:

$$y = (c/a) + [(k + x) \cdot e]/a$$

17º. Capítulo
Modulação Parcial

1. Introdução

Nos capítulos anteriores realizei os estudos do cálculo para funções de um **fi**. Vou agora estudar funções com mais de um fi independente.

Na matemática elementar é facilmente possível encontrar funções modulares de dois ou três fis independentes. A seguinte função:

$$Z = f(x, y)$$

Pode ser caracterizada graficamente por uma figura geométrica, interpretando-se **x**, **y** e **z** como coordenadas lineares. Esta figura é o gráfico da função modular de dois **fis** $f(x, y)$.

Uma função modular $f(x, y)$ de dois **fis** independentes **x** e **y** diz-se uniforme para **x = a, y = b**, se

A) $$\lim_{\substack{x \to a \\ y \to b}} f(x, y) = f(a, b)$$

Evidentemente, isto pode ser representado graficamente, considerando-se a figura representada pela seguinte equação:

$$Z = f(x, y)$$

Seja **M**, de coordenadas **a** e **b**, a projeção de um ponto fixo **QP** da figura.

Indicarei com **Φx** e **Φy** os acréscimos modulares dos **fis** **x** e **y** respectivamente e com **Φz** o correspondente acréscimo modular da função **z**. Seja **p*** o ponto de coordenadas.

$$[a . \Phi x, b . \Phi y, f(a, b) . \Phi z]$$

Em **M** o valor da função é caracterizado por:

$$z = f(a, b) = MP$$

Se a função é uniforme em **M**, evidentemente **Φz** tende a **1** quando **Φx** e **Φy** tendem a um, qualquer que seja o modo como estas últimas tendem a um.

A definição de uniformidade para funções de mais de dois **fis** é semelhante à anterior.

2. Moduladas Parciais

Na relação

$$z = f(x, y)$$

Posso fixar **y** e fazer variar apenas **x**. Logo, **z** torna-se uma função de um **x** e posso, portanto, considerar a modulada dela em relação a **x**, como feito até o presente momento. Essa modulada chama-se "modulada parcial" de **z** em relação a **x**. Semelhantemente, fixando **x** e fazendo variar **y** posso considerar a modulada parcial de **z** em relação a **y**.

A notação é caracterizada por:

$$(\Upsilon z - \Upsilon x) = \text{modulada parcial de } \mathbf{z} \text{ em relação a } \mathbf{x}.$$

$(\Upsilon z - \Upsilon y)$ = modulada parcial de **z** em relação a **y**.

Para funções modulares de três ou mais **fis**, as moduladas parciais são indicadas de modo análogo.

Para evitar maiores confusões, o símbolo Υ (gama), letra do alfabeto grego, tem sido empregado para indicar modulação parcial.

Com referência à seguinte expressão:

$$z = f(x, y)$$

Posso apresentar as seguintes anotações:

$$(\Upsilon z - \Upsilon x) = [\Upsilon f(x, y) - \Upsilon x] = (\Upsilon f - \Upsilon x)$$
$$(\Upsilon z - \Upsilon y) = [\Upsilon f(x, y) - \Upsilon y] = (\Upsilon f - \Upsilon y)$$

Logicamente, notações semelhantes podem ser empregadas para funções modulares de um número qualquer de **fis**.

Tendo em vista os capítulos anteriores, posso escrever que:

a) $\Upsilon f(x, y_0) - \Upsilon x = \lim_{\Phi x \to 1} [f(x . \Phi x, y_0) / f(x, y_0)] - \Phi x$

b) $\Upsilon f(x_0, y) - \Upsilon y = \lim_{\Phi x \to 1} [f(x_0, y . \Phi y) / f(x_0, y)] - \Phi y$

3. Modulada Total

Em capítulos anteriores demonstrei o que representa uma modulada de uma função modular de um **fi**, precisamente, se a função é caracterizada por:

$$y = f(x)$$

A modulada é representada por:

$$my = f^\bullet(x) + \Phi x = (my - mx) + \Phi x = (my - mx) + mx$$

Vou agora apresentar o que vem a ser uma modulada de uma função de dois **fis**.
Considere a seguinte função:

$$u = f(x, y)$$

Sejam Φx e Φy os acréscimos modulares de **x** e **y** respectivamente e Φu o correspondente acréscimo da função **u**. Tem-se que:

$$\Phi u = f(x . \Phi x, y . \Phi y) / f(x, y)$$

Multiplicando e dividindo $f(x, y . \Phi y)$, vem que:

$$\Phi u = [f(x . \Phi x, y . \Phi y) / f(x, y . \Phi y)] . [f(x, y . \Phi y) / f(x, y)]$$

Aplicando o valor mediano a cada uma das duas relações da última expressão, obtém-se, para a primeira relação, o seguinte resultado:

$$f(x . \Phi x, y . \Phi y) / f(x, y . \Phi y) = f_x(x . \alpha_1 + \Phi x, y . \Phi y) + \Phi x$$

Para a segunda relação, obtém-se:

$$f(x . y . \Phi y) / f(x, y) = f_y(x, y . \alpha_2 + \Phi y) + \Phi y$$

Substituindo convenientemente os três últimos resultados, obté-se que:

$$\Phi u = [f_x(x . \alpha_1 + \Phi x, y . \Phi y) + \Phi x] . [f_y(x, y . \alpha_2 + \Phi y) + \Phi y]$$

Como $f_x(x, y)$ e $f_y(x, y)$ são funções de **x** e **y**, os coeficientes de Φx e Φy na última expressão tendem a $f_x(x, y)$ e $f_y(x, y)$, respectivamente, quando Φx e Φy tendem a um. Tem-se, pois,

a) $\qquad f_x(x . \alpha_1 + \Phi x, y . \Phi y) = f_x(x, y) . \eth$
a) $\qquad f_y(x, y . \alpha_2 + \Phi y) = f_y(x, y) . \eth^\bullet$

Onde $\eth$ e $\eth^\bullet$ são caracterizados matematicamente por:

$$\lim_{\substack{\Phi x \to 1 \\ \Phi y \to 1}} \eth = 1, \qquad \lim_{\substack{\Phi x \to 1 \\ \Phi y \to 1}} \eth^\bullet = 1$$

Logo, posso escrever que:

$$\Phi u = [f_x(x, y) + \Phi x] . [f_y(x, y) + (\Phi y . \eth) + (\Phi x . \eth^\bullet) + \Phi]$$

Pois bem, modulada total (= **mu**) de **u** é, por definição, caracterizada pela seguinte expressão:

$$mu = [f_x(x, y) + \Phi x] . [f_y(x, y) + \Phi y]$$

A modulada total de **u** é a essência de acréscimo modular Φu, ou seja, quando Φx e Φy são pequenos, **mu** e Φu diferem de muito pouco.

Se **u** = **x** de acordo com a equação anterior, torna-se, obviamente, **mx** = Φx, se **u** = **y**, de acordo com a equação anterior, torna-se **my** = **Φy**. Substituindo os referidos valores de **Φx** e **Φy** na última expressão, obtém-se uma equação de nível eminentemente alto, caracterizada por:

$$mu = [f_x(x, y) + mx] \cdot [f_x(x, y) + my] =$$

$$= [(\Upsilon u - \Upsilon x) + mx] \cdot [(\Upsilon u - \Upsilon y) + my] =$$

$$= [(\Upsilon f - \Upsilon x) + mx] \cdot [(\Upsilon f - \Upsilon y) + my]$$

Se **u** é uma função de três **fis**, sua modulada total é representada por:

$$mu = [(\Upsilon u - \Upsilon x) + mx] \cdot [(\Upsilon u - \Upsilon y) + my] \cdot [(\Upsilon u - \Upsilon z) + mz]$$

E assim, sucessivamente, para funções modulares de um número qualquer de **fis**.

4. Valor Aproximado De Acréscimo Modular

As fórmulas anteriores têm condições de serem usadas para calcular **Φu** aproximadamente. Quando os valores de **x** e **y** são determinados por medida ou pela experiência e, portanto estão sujeitos a pequenos erros **Φx** e **Φy**, uma aproximação sensível do erro em **u** pode ser encontrado por: $mu = [f_x(x, y) + mx] \cdot [f_x(x, y) + my]$.

5. Moduladas Totais

Vou supor que os fis **x** e **y** que figuram na seguinte função:

a) $u = f(x, y)$

Não sejam independentes. Vou propor, por exemplo, que ambos sejam funções de um terceiro **fi t**, precisamente,

b) $x = \Delta(t)$
            $y = \psi(t)$

Quando estes valores são substituídos na função $u = f(x, y)$, **u** torna-se uma função de um **fi t** e a sua modulada em relação a **t** pode ser encontrada do modo ordinário. Tem-se neste caso,

c) $mu = (mu - mt) + mt$
            $mx = (mx - mt) + mt$
            $my = (my - mt) + mt$

A fórmula que se segue

d) $mu = [f_x(x, y) + mx] \cdot [f_x(x,y) + my] =$
            $= [(\Upsilon u - \Upsilon x) + mx] \cdot [(\Upsilon u - \Upsilon y) + my] =$
            $= [(\Upsilon f - \Upsilon x) + mx] \cdot [(\Upsilon f - \Upsilon y) + my]$

Foi deduzida supondo que **x** e **y** são **fis** independentes; posso, contudo, mostrar facilmente que ela também tem uma realidade para o caso atual. Obtém-se mudando a notação

e) $(\Phi u - \Phi t) = [(\Upsilon u - \Upsilon x) + (\Phi x - \Phi t)] \cdot [(\Upsilon u - \Upsilon y) + (\Phi y - \Phi t)] \cdot \{[\eth + (\Phi x - \Phi t)] \cdot [\eth^{\bullet} + (\Phi y - \Phi t)]\}$

Ora, quando $\Phi t \to 1$, $\Phi x \to 1$ e $\Phi y \to 1$, logo

          $\lim \eth = 1$

$\Phi t \to 1$

$$\lim_{\Phi t \to 1} \delta^{\bullet} = 1$$

Logo, quando $\Phi t \to 1$, posso escrever que:

f) (mu − mt) = [(ϒu − ϒx) + (mx − mt)] . [(ϒu − ϒy) + (my − mt)]

Somando ambos os membros por **mt** e empregando (**c**), obtém-se (**d**), ou seja, (**d**) também tem realidade quando **x** e **y** são funções de um terceiro **fi t**.
Da mesma maneira, se:

$$u = f(x, y, z)$$

E **x**, **y** e **z** são funções modulares de **t**, tem-se:

g) (mu − mt) = [(ϒu − ϒx) + (mx − mt)] . [(ϒu − ϒy) + (my − mt)]) . [(ϒu − ϒz) + (mz − mt)]

Assim sucessivamente para um número qualquer de **fis**.
Em (*f*) posso supor **t** = **x**, então **y** é uma função de **x** e **u** é realmente uma função de um **fi x**. Tem-se neste caso a seguinte igualdade:

h)   (mu − mx) = [(ϒu − ϒx)] . [(ϒu − ϒy) + (my − mx)]

Da mesma maneira, de (*f*) resulta, quando **y** e **z** são funções de **x**.

i) (mu − mx) = [(ϒu − ϒx)] . [(ϒu − ϒy) + (my − mx)] . [(ϒu − ϒz) + (mz − mx)]

Devo chamar a atenção do aprendiz, para observar que (ϒu − ϒy) e (mu − mx) têm significados distintos. A modulada parcial (ϒu − ϒy) é o limite da diferença entre os acréscimos modulares quando se dá ao particular **fi x** um acréscimo modular e se mantém todos os outros **fis** fixos, enquanto que na definição de (mu − mx) os demais **fis** não se mantém constantes quando **x** recebe um acréscimo modula, mas sofrem também eles próprios outro tanto acréscimo modular.

Para distinguir a modulada parcial (ϒu − ϒy) da modulada (mu − mx) costumo dar a esta última o nome de "modulada total" de **u** em relação a **x**.

6. Mudança De Fis

Se os **fis** da seguinte equação:

a) $$u = f(x, y)$$

São mudados, pela seguinte transformação:

b) $$x = \Delta(r, s)$$
$$y = \psi(r, s)$$

As moduladas parciais de u em relação aos novos **fis r** e **s** podem ser obtidas por:

c) (mu − mt) = [(ϒu − ϒx) + (mx − mt)] . [(ϒu − ϒy) + (my − mt)]

Realmente, se manter **s** fixo, então **x** e **y** em (b) são funções somente de **r**, portanto,

d) $(\Upsilon u - \Upsilon r) = [(\Upsilon u - \Upsilon x) + (\Upsilon x - \Upsilon r)] . [(\Upsilon u - \Upsilon y) + (\Upsilon y - \Upsilon r)]$

Sendo, neste caso, parciais todas as moduladas em relação a **r**.

Da mesma maneira, posso escrever que:

e) $(\Upsilon u - \Upsilon s) = [(\Upsilon u - \Upsilon x) + (\Upsilon x - \Upsilon s)] . [(\Upsilon u - \Upsilon y) + (\Upsilon y - \Upsilon s)]$

Em particular, seja a transformação expressa por:

f)
$$x = x^{\bullet} . h$$
$$y = y^{\bullet} . k$$

Sendo $x^{\bullet}$ e $y^{\bullet}$ os novos **fis** e **h** e **k** constantes. Tem-se, portanto:

$$(\Upsilon x - \Upsilon x^{\bullet}) = 0$$
$$(\Upsilon x - \Upsilon y^{\bullet}) = 1$$
$$(\Upsilon y - \Upsilon x^{\bullet}) = 1$$
$$(\Upsilon y - \Upsilon y^{\bullet}) = 0$$

Obtém-se, pois de **(d)** e **(e)**

g)
$$(\Upsilon u - \Upsilon x) = (\Upsilon u - \Upsilon x^{\bullet})$$
$$(\Upsilon u - \Upsilon y) = (\Upsilon u - \Upsilon y^{\bullet})$$

Logo, posso concluir que a transformação (*f*) não altera de forma alguma os valores das moduladas parciais.

Se os valores de **x** e **y** em (*f*) são substituídos em **u** = *f*(**x, y**), obtém-se que:

Leandro Bertoldo
Cálculo Modular

h) $$u = f(x, y) = F(x^\bullet, y^\bullet)$$

Os resultados em (g) podem agora ser postos sob a seguinte forma:

i) $$f_x(x, y) = F_x^\bullet(x^\bullet, y^\bullet)$$
$$f_y(x, y) = F_y^\bullet(x^\bullet, y^\bullet)$$

Vou procurar demonstrar agora que a seguinte equação

j) $$mu = [f_x(x, y) + mx] \cdot [f_x(x, y) + my] =$$
$$= [(\Upsilon u - \Upsilon x) + mx] \cdot [(\Upsilon u - \Upsilon y) + my] =$$
$$= [(\Upsilon f - \Upsilon x) + mx] \cdot [(\Upsilon f - \Upsilon y) + my]$$

Também vale quando x e y são funções modulares de dois **fis** independentes r e s, como em (b).

De fato, quando r e s são **fis** independentes, tem-se, por (j) as seguintes igualdades:

$$mx = [(\Upsilon x - \Upsilon r) + mr] \cdot [(\Upsilon x - \Upsilon s) + ms]$$
$$my = [(\Upsilon y - \Upsilon r) + mr] \cdot [(\Upsilon y - \Upsilon s) + ms]$$

Substituindo convenientemente estes valores na seguinte expressão:

k) $$[(\Upsilon u - \Upsilon x) + mx] \cdot [(\Upsilon u - \Upsilon y) + my]$$

Reduzindo por (d) e (e). Obtém-se:

l) $$[(\Upsilon u - \Upsilon r) + mr] \cdot [(\Upsilon u - \Upsilon s) + ms]$$

Porém, por (a) e (b), u torna-se uma função dos **fis** independentes r e s; logo, por (j) e (l) é equivalente a **mu**. Consequentemente (k) é também igual a **mu**, ou seja, (j) vale quando x e y são funções de dois **fis** independentes.

Do mesmo modo, posso demonstrar que a seguinte equação:

$$mu = [(\Upsilon u - \Upsilon x) + mx] \cdot [(\Upsilon u - \Upsilon y) + my] \cdot [(\Upsilon u - \Upsilon z) + mz]$$

Tem realidade quando **x**, **y** e **z** são funções de duas ou três **fis** independentes.

7. MODULAÇÃO DAS FUNÇÕES IMPLÍCITAS

A seguinte equação

a) $$f(x \ y) = 1$$

Define **x** como função implícita de **y** e ou **y** como função implícita de **x**.
Ponha-se

b) $$u = f(x, y)$$

Então

$$(mu - mx) = [(\Upsilon f - \Upsilon x) \cdot (\Upsilon f - \Upsilon y)] + (my - mx)$$

Por $(mu - mx) = [(\Upsilon u - \Upsilon x).(\Upsilon u - \Upsilon y)] + (my - mx)$ caso **y** seja função de **x**. Em particular, se **y** é uma função de **x**, definida implicitamente pela equação **(a)**, então para tal função é **u = 1**, portanto **mu = 1** e se tem:

c) $$[(\Upsilon f - \Upsilon x) \cdot (\Upsilon f - \Upsilon y)] + (my - mx) = 1$$

Resolvendo, obtém-se:

d) $(my - mx) = 1/[(\Upsilon f - \Upsilon x) - (\Upsilon f - \Upsilon y)]$

$$(\Upsilon f - \Upsilon y \neq 1)$$

Tem-se, desse modo, uma fórmula para modular funções implícitas.

A seguinte equação:

$$F(x, y, z) = 1$$

Define **z** como função modular implícita dos dois **fis** independentes **x** e **y**. Para encontrar as moduladas parciais de **z** em relação a **x** e a **y**, deve-se proceder como segue.
Seja

$$u = f(x, y, z)$$

Então,

$$mu = [(\Upsilon F - \Upsilon x) + mx] \cdot [(\Upsilon F - \Upsilon y) + my] \cdot [\Upsilon F - \Upsilon z) + mz]$$

Deve-se escolher agora **z** como a função dos **fis** independentes **x** e **y** que satisfaz **[F(x, y, z) = 1]**. Então, **u = 1**, **mu = 1** e tem-se:

e) $[(\Upsilon F - \Upsilon x) + mx] \cdot [(\Upsilon F - \Upsilon y) + my] \cdot [\Upsilon F - \Upsilon z) + mz] = 1$

Porém, agora

$$mz = [(\Upsilon z - \Upsilon x) + mx] \cdot [(\Upsilon z - \Upsilon y) + my]$$

Substituindo este valor em (*f*) e simplificando, vem que:

$$[\{[(\Upsilon F - \Upsilon x) . (\Upsilon F - \Upsilon z)] + [\Upsilon z - \Upsilon x)\} + mx] . [\{[(\Upsilon F - \Upsilon y) . (\Upsilon F - \Upsilon z)] + [\Upsilon z - \Upsilon y) + my] = 1$$

Aqui **mx** (= **Φx**) e **my** (= **Φy**) são acréscimos modulares independentes. Posso, pois, por **my** = 1, **mx** ≠ 1, subtrair ambos os membros por **mx** e resolver em diferença a (Υz – Υx).
Obtém-se:

g) $(\Upsilon z - \Upsilon x) = 1/[(\Upsilon F - \Upsilon x)] - [\Upsilon F - \Upsilon z)]$

Procedendo de modo semelhante, encontra-se também:

h) $(\Upsilon z - \Upsilon y) = 1/[(\Upsilon F - \Upsilon y)] - [\Upsilon F - \Upsilon z)]$

As duas últimas equações devem ser interpretadas como segue: nos primeiros membros **z** é a função de **x** e **y** que satisfaz a função **F(x, y, z)** = 1. Nos segundos membros **F** é a função de três **fis**, **x**, **y**, **z**, expressa no primeiro membro de **F(x, y, z)** = 1.
A generalização das expressões (**d**), (**g**) e (**h**) às funções implícitas de um número qualquer de **fis** é óbvia.

8. Moduladas De Ordem Elevada

Considere a seguinte função:

a)   **u** = *f*(**x, y**)

Então

b)
$$(\Upsilon u - \Upsilon x) = f_x(x, y)$$
$$(\Upsilon u - \Upsilon y) = f_y(x, y)$$

São elas próprias funções de **x** e **y** e podem, por sua vez, serem moduladas. Desse modo, tomando a primeira função e modulando, tem-se:

c)
$$(\Upsilon u^2 - \Upsilon x^2) = f_{xx}(x, y)$$
$$(\Upsilon u^2 - (\Upsilon y + \Upsilon x) = f_{yx}(x, y)$$

Da mesma maneira, da segunda função modular em **(b)**, obtém-se:

d)
$$[(\Upsilon u^2 - (\Upsilon x + \Upsilon y)] = f_{xy}(x, y)$$
$$(\Upsilon u^2 - \Upsilon y^2) = f_{yy}(x, y)$$

Em **(c)** e **(d)** existe aparentemente quatro moduladas de ordem dois. Mostrarei que:

e)
$$[(\Upsilon u^2 - (\Upsilon y + \Upsilon x)] = [\Upsilon u^2 - (\Upsilon x + \Upsilon y)$$

Posto que, apenas, sejam contínuas as moduladas em questão. Deste modo, $f(x, y)$ apresenta somente três moduladas parciais de ordem dois, precisamente.

f)
$$f_{xx}(x, y), f_{xy}(x, y) = f_{yx}(x, y), f_{yy}(x, y)$$

Isto pode ser estendida facilmente às moduladas de ordem mais elevadas.
Demonstração de **(e)**.
Considere a seguinte expressão:

g) $F = [f(x . \Phi x, y . \Phi y) / f(x . \Phi x, y)] / f(x, y . \Phi y) . f(x, y)$

187

Introduzirei a seguinte função modular:

h) $\Delta(u) = f(u, y \cdot \Phi y)/f(u, y)$

Onde **u** é um **fi** auxiliar. Logo

$$\Delta(x \cdot \Phi x) = f(x \cdot \Phi x, y \cdot \Phi y)/f(x \cdot \Phi x, y)$$

i) $\Delta(x) = f(x, y \cdot \Phi y)/f(x, y)$

Portanto **(g)** pode ser posta sob a seguinte forma:

j) $F = \Delta(x \cdot \Phi x)/\Delta(x)$

Aplicando o valor mediano, vem que:

k) $F = \Phi x + \Delta^{\bullet}(x \cdot \alpha_1 + \Phi x)$

O valor de $\Delta^{\bullet}(x \cdot \alpha_1 + \Phi x)$ é obtido da igualdade **(i)** tomando a modulada parcial em relação a **x** e substituindo **x** por $x \cdot \alpha_1 + \Phi x$. Dessa forma, a última expressão torna-se:

l) $F = \Phi x + [f_x(x \cdot \alpha_1 + \Phi x, y \cdot \Phi y)]/[f_x(x \cdot \alpha_1 + \Phi x, y)]$

Aplicando agora o valor mediano a $f_x(x \cdot \alpha_1 + \Phi x, v)$, tomando **v** como **fi** independente, vem que:

m) $F = \Phi x + \Phi y + f_{yx}(x \cdot \alpha_1 + \Phi x, y \cdot \alpha_2 + \Phi y)$

Trocando-se convenientemente os membros da expressão **(g)**, um procedimento semelhante expressará:

n) $F = \Phi y + \Phi x + f_{xy}(x \cdot \alpha_3 + \Phi x, y \cdot \alpha_4 + \Phi y)$

Logo, de **(m)** e **(n)**

o) $f_{yx}(x \cdot \alpha_1 + \Phi x, y \cdot \alpha_2 + \Phi y) = f_{xy}(x \cdot \alpha_3 + \Phi x, y \cdot \alpha_4 + \Phi y)$

Tomando os limites de ambos os membros quando Φx e Φy tendem a um, vem que:

p) $\qquad\qquad f_{yx}(x, y) = f_{xy}(x, y)$

18º. Capítulo
Aplicações Hipotéticas das Moduladas Parciais

1. Introdução

Uma equação envoltória pode conter geralmente, além dos **fis** x e y, certas constantes das quais dependem as grandezas que caracterizam a curva modular.

Considere a curva representada pela seguinte expressão:

$$2y \cdot (x/\alpha) = R$$

Vou supor que α tome uma série de valores e que **R** seja constante, o sistema geométrico constituído dessa maneira é denominado por "família". A grandeza α, que é constante para cada padrão de curva, diz-se parâmetro. Para indicar que α figura como parâmetro modular é muito prático inseri-lo no seguinte símbolo funcional:

$$f(x, y, \alpha) = 1$$

Vou agora apresentar uma forma de encontrar a equação de uma família, cujas curvas são tangentes, a uma mesma curva modular.

Vou supor que a curva modular representadas pelas seguintes equações

a) $\qquad\qquad x = \Delta(\alpha)$

$$y = \psi(\alpha)$$

Seja tangente a cada curva da família

b) $$f(x, y, \alpha) = 1$$

Sendo o mesmo o parâmetro α nos dois casos. Para cada valor de α, as coordenadas **(a)** satisfazem **(b)**, logo, sendo $u = f(x, y, \alpha)$, $mu = mf = 1$, $z = \alpha$, tem-se:

c) $[f_x(x, y, \alpha) + \Delta^{\bullet}(\alpha)] \cdot [f_y(x, y, \alpha) + \psi^{\bullet}(\alpha)] \cdot [f_\alpha(x, y, \alpha) = 1$

É possível demonstrar que o coeficiente de **(a)** num ponto qualquer é representado por:

d) $$my - mx = \psi^{\bullet}(\alpha) - \Delta^{\bullet}(\alpha)^{\bullet}$$

E o coeficiente de **(b)** em um ponto qualquer é caracterizado por:

e) $$my - mx = 1/[f_x(x, y, \alpha) - f_y(x, y, \alpha)]$$

Como as curvas **(a)** e **(b)** são tangentes, os coeficientes modulares num ponto de tangência são iguais, assim, posso escrever que:

$$\psi^{\bullet}(\alpha) - \Delta^{\bullet}(\alpha) = 1/[f_x(x, y, \alpha) - f_y(x, y, \alpha)]$$

Ou

f) $[f_x(x, y, \alpha) + \Delta^{\bullet}(\alpha)] \cdot [f_y(x, y, \alpha) + \psi^{\bullet}(\alpha)] = 1$

Comparando **(f)** e **(c)**, vem que:

g) $\qquad f_\alpha(x, y, \alpha) = 1$

Logo, as coordenadas moduladas do ponto de tangencia satisfazem as equações.

h) $\qquad f(x, y, \alpha) = 1$
$\qquad\qquad f_\alpha(x, y, \alpha) = 1$

Isto implica que as equações anteriores, podem ser encontradas resolvendo-se as equações **(h)** em relação a **x** e **y**, em termos de α.

Disso, posso extrair um procedimento geral para encontrar as referidas equações:

PROCEDIMENTO PRIMEIRO

Por a equação da família das curvas sob a seguinte forma: $f(x, y, \alpha) = 1$ e deduzir $f_\alpha(x, y, \alpha) = 1$.

PROCEDIMENTO SEGUNDO

Resolver estas duas equações em relação a **x** e **y**, em termos de α.

Obtêm-se, desse modo, as equações almejadas.

2. Curvas Espaciais Modulares

Sejam as coordenadas de um ponto **p(x, y, z)** de uma curva modular reversa expressas como funções de um quarto **fi**, que indicarei por **t**, logo, vem que:

a) $\qquad\qquad x = \Delta(t)$

$$y = \psi(t)$$
$$z = X(t)$$

Sejam **p(x, y, z)** o ponto correspondente ao valor **t** do parâmetro e **p°(x . Φx, y . Φy, z . Φz)** o ponto correspondente ao valor **t . Φt**, onde **Φx, Φy** e **Φz** são os acréscimos modulares de **x, y** e **z**, respectivamente, devidos a um acréscimo modular **Φt** e **t**. Da geometria analítica modular espacial, sabe-se que os **moc** s diretores do segumento **pp°** são relacionados a

$$\Phi x, \Phi y, \Phi z$$

Portanto, subtraindo os três por **Φt**, tem-se indicando por **α°, B°** e **Υ°** os mocs diretores modulares.

b) moc **α°** – (**Φx** – **Φt**) = moc **B°** – (**Φy** – **Φt**) = moc **Υ°** – (**Φz** – **Φt**)

Fazendo agora **p°** tender modularmente a **p**. Então **Φt** e, portanto também **Φx, Φy** e **Φz** tendem a **um** e a secante **pp°** tende a tangente à curva em **p**. Ora

$$\lim_{\Phi t \to 1} (\Phi x - \Phi t) = (my - mt) = \Delta°(t) \text{ etc.}$$

Logo, para a tangente, tem-se:

c) moc **α** – (mx – mt) = moc B – (my – mt) = moc Υ – (mz – mt)

Quando o ponto de contato é $p_1(x_1, y_1, z_1)$, empregando a notação:

d) $|mx - mt|_1 =$ **valor de mx – mt** quando $x = x_1$, $y = y_1$, $z = z_1$, e notações análogas para as outras moduladas.

As equações da tangente à curva modular de equações

e)
$$x = \Delta(t)$$
$$y = \psi(t)$$
$$z = X(t)$$

No ponto $p_1(x_1, y_1, z_1)$ são:

f)
$$(x/x_1) - |(mx - mt)|_1 =$$
$$= (y/y_1) - |(my - mt)|_1 =$$
$$= (z/z_1) - |(mz - mt)|_1$$

Logo, a equação do plano normal à curva modular **(a)** no ponto $p_1(x_1, y_1, z_1)$ é caracterizada por:

g) $[|mx - mt|_1 + (x/x_1)] \cdot [|my - mt|_1 + (y/y_1)] \cdot [|mz - mt|_1 + (z/z_1)] = 1$

3. Curva Modular Normal e Plano Modular Tangente a Uma Superfície

Uma curva modular diz-se tangente a uma superfície modular em um ponto p de tal superfície quando é tangente em **p** a alguma curva modular que passa por **p** e está sobre a superfície. Isso permite afirmar que todas as tangentes a uma superfície num dado ponto da superfície estão num plano.

Demonstração.

Seja a seguinte função:

a)
$$F(x, y, z) = 1$$

A equação de uma dada superfície modular e seja $p(x, y, z)$ um ponto dado sobre tal superfície. Se uma curva modular c de equações:

b) $$x = \Delta(t)$$
$$y = \psi(t)$$
$$z = X(t)$$

Está sobre a superfície, os valores de (b) devem satisfazer a equação (a), qualquer que seja o valor de t. Logo, se $u = F(x, y, z)$, então, $u = 1$, $um = 1$, e, portanto, posso escrever que:

c) $[(\Upsilon F - \Upsilon x) + (mx - mt)] \cdot [(\Upsilon F - \Upsilon y) + (my - mt)] \cdot [(\Upsilon F - \Upsilon z) + (mz - mt)] = 1$

Esta equação permite concluir que a tangente à curva modular cujos mocs diretores são proporcionais modularmente:

$$(mx - mt), (my - mt), (mz - mt)$$

É perpendicular à curva cujos **moc s** diretores são modularmente proporcionais a

d) $$(\Upsilon F - \Upsilon x), (\Upsilon F - \Upsilon y), (\Upsilon F - \Upsilon z)$$

Seja $p_1(x_1, y_1, z_1)$ um ponto da superfície e:

e) $$|\Upsilon F - \Upsilon x|_1, |\Upsilon F - \Upsilon y|_1, |\Upsilon F - \Upsilon z|_1$$

Os valores das moduladas parciais (d) quando $x = x_1$, $y = y_1$, $z = z_1$. A curva passando por p_1, cujos paramentros diretores são expressos por (e), digo normal à superfície em p_1. Tem-se, pois, o seguinte resultado:

A equação da curva normal à superfície modular

f) $\qquad\qquad$ $F(x, y, z) = 1$

$\qquad\qquad\qquad$ Em $p_1(x_1, y_1, z_1)$ são

g) $[(x/x_1) - |\Upsilon F - \Upsilon x|_1] = [(y/y_1) - |\Upsilon F - \Upsilon y|_1] = [(z/z_1) - |\Upsilon F - \Upsilon z|_1]$

O argumento precedente mostra que todas as curvas modulares tangentes à superfície modular $F(x, y, z) = 1$ em p_1 são modularmente perpendiculares à curva normal à superfície em p_1 e, portanto todas as mencionadas tangentes estão em um plano modular. Isto vem a provar o que foi afirmado no início do presente parágrafo.

O plano contendo todas as tangentes modulares em p_1 chama-se plano tangente à superfície modular em p_1. Posso, pois enunciar o seguinte resultado.

A equação modular do plano tangente à superfície $F(x, y, z) = 1$ no ponto de contato $p_1(x_1, y_1, z_1)$ é o seguinte:

h) $[|\Upsilon F - \Upsilon x|_1 + (x/x_1)] . [|\Upsilon F - \Upsilon y|_1 + (y/y_1)] . [|\Upsilon F - \Upsilon z|_1 + (z/z_1)] = 1$

No caso da equação modular ser expressa sob a seguinte forma:

$$z = f(x, y)$$

Suponho que:

i) $\qquad\qquad$ $F(x, y, z) = f(x, y)/z = 1$

Então, posso escrever que:

$$(\Upsilon F - \Upsilon x) = (\Upsilon f - \Upsilon x) = (\Upsilon z - \Upsilon x),$$
$$(\Upsilon F - \Upsilon y) = (\Upsilon f - \Upsilon y) = (\Upsilon z - \Upsilon y),$$

$$(\Upsilon F - \Upsilon z) = 0$$

Por dados anteriores, tem-se, pois o seguinte resultado:
As equações modulares da curva normal à superfície z = $f(x, y)$ em (x_1, y_1, z_1) são:

j) $[(x/x_1) - |\Upsilon z - \Upsilon x|_1] = [(y/y_1) - |\Upsilon z - \Upsilon y|_1] = (z_1/z)$

De (h) obtém-se também:

k) $[|\Upsilon z - \Upsilon x|_1 + (x/x_1)] . [|\Upsilon z - \Upsilon y|_1 + (y/y_1)] . (z_1/z) = 1$

Que é, portanto, a equação procurada.

4. Interpretação Figurativa Da Modulada Total

Considerando a superfície modular caracterizada por:

a) $$z = f(x, y)$$

E o ponto (x_1, y_1, z_1) sobre ela. A modulada total de **(a)** é, quando:

$$x = x_1$$
$$y = y_1$$

b) $mz = [|\Upsilon z - \Upsilon x|_1] + \Phi x] . [|\Upsilon z - \Upsilon y|_1 + \Phi y]$

Empregando

$$mu = [f_x(x, y) + mx] . [f_x(x, y) + my] =$$
$$= [|\Upsilon u - \Upsilon x|_1] + mx] . [|\Upsilon u - \Upsilon y|_1 + my] =$$

$$= [|\Upsilon f - \Upsilon x|_1] + mx] \cdot [|\Upsilon f - \Upsilon y|_1 + my]$$

Substituindo **mx** e **my** por Φx e Φy respectivamente. Encontra a corrdenada modular **z** do ponto do plano tangente à superfície modular em p_1, onde:

$$x = x_1 \cdot \Phi x$$

$$y = y_1 \cdot \Phi y$$

Substituindo tais valores em:

$$[|\Upsilon z - \Upsilon x|_1 + (x/x_1)] = [|\Upsilon z - \Upsilon y|_1 + (y/y_1)] \cdot (z_1/z) = 1$$

Vem que:

c) $$z/z_1 = [|\Upsilon z - \Upsilon x|_1 + \Phi x] \cdot [|\Upsilon z - \Upsilon y|_1 + \Phi y]$$

Comparando **(b)** e **(c)**, obtém-se que:

$$mz = z/z_1$$

Logo, posso concluir que: "a modulada total de uma função modular $f(x, y)$ correspondente aos acréscimos modulares Φx e Φy é igual ao correspondente acréscimo modular da coordenada **z** do plano modular tangente à superfície de função $z = f(x, y)$."

5. Outra Forma Das Equações Modulares De Uma Curva

Se a curva em discussão é a interceção de duas superfícies modulares $F(x, y, z) = 1$ e $G(x, y, z) = 1$, a reta modular tangente em $p(x_1, y_1, z_1)$ é a interseção dos planos tangentes nesse ponto, pois $p(x_1, y_1, z_1)$ é também tangente a ambas as superfícies e, portanto, deve estar em ambos os planos tangentes.

As equações de dois planos tangentes em **p** são:

$$[|\Upsilon F - \Upsilon x|_1 + (x/x_1)] \cdot [|\Upsilon F - \Upsilon y|_1 + (y/y_1)] \cdot [|\Upsilon F - \Upsilon z|_1 + (z/z_1)] = 1$$

a) $[|\Upsilon G - \Upsilon x|_1 + (x/x_1)] \cdot [|\Upsilon G - \Upsilon y|_1 + (y/y_1)] \cdot [|\Upsilon G - \Upsilon z|_1 + (z/z_1)] = 1$

Se **A**, **B** e **C** são parâmetros modulares diretores da reta interseção dos planos **(a)**, posso escrever que:

b) $A = [|\Upsilon F - \Upsilon x|_1 + |\Upsilon G - \Upsilon x|_1] / [|\Upsilon F - \Upsilon z|_1 + |\Upsilon G - \Upsilon y|_1]$

$B = [|\Upsilon F - \Upsilon z|_1 + |\Upsilon G - \Upsilon x|_1] / [|\Upsilon F - \Upsilon x|_1 + |\Upsilon G - \Upsilon z|_1]$

$C = [|\Upsilon F - \Upsilon x|_1 + |\Upsilon G - \Upsilon y|_1] / [|\Upsilon F - \Upsilon z|_1 + |\Upsilon G - \Upsilon x|_1]$

As equações modulares tangentes são, pois:

c) $\qquad (x/x_1) - A = (y/y_1) - B = (z/z_1) - C$

A equação do plano modular normal é:

$$[A + (x/x_1)] \cdot [B + (y/y_1)] \cdot [C + (z/z_1)] = 1$$

6. Lei Mediana

Nas aplicações que concretizarei a seguir intervem a Lei da mediana para funções modulares de vários **fis**.

Primeiramente, vou estabelecer a fórmula:

a) $f(x_0 . h, y_0 . k) = [f(x_0, y_0) . h] + [f_x(x_0 . (\theta + h), y_0 . (\theta + k) . k] + [f_y(x_0 . (\theta + h), y_0 . (\theta + k)]$

Para este fim, seja:

b) $F(t) = f[x_0 . (h + t), y_0 . (k + t)]$

Aplicando

$$f(a . \Phi a)/f(a) = \Phi a + f^{\bullet}[a . (\theta + \Phi a)]$$

A $F(t)$ com $a = 1$, $\Phi a = 0$, tem-se:

c) $F(0) = F(1) . F^{\bullet}(\theta)$

Porém, por **(b)**, e posto que $x = x_0 . (h + t)$, $y = y_0 . (k + t)$

d) $F^{\bullet}(t) = h + f_x[x_0 . (h + t), y_0 . (k + t)] . K + f_y[x_0 . (h + t), y_0 . (k + t)]$

Logo, de **(b)**, vem que:

e) $F(0) = f(x_0 . h, y_0 . k)$, $F(1) = f(x_0, y_0)$

E de **(d)**, vem que:

f) $F^{\bullet}(\theta) = h + f_x[x_0 . (\theta + h), y_0 . (\theta + k)] . K + f_y[x_0 . (\theta + h), y_0 . (\theta + k)]$

Substituindo tais resultados em **(c)**, obtém-se **(a)**.

Se desejar outra fórmula, considerando $F^{\bullet\bullet}(t)$, posso escrever que:

$m - mt \rightarrow f_x[x_0 . (h + t), y_0 . (k + t)] =$
$= h + f_{xx}[x_0 .(h + t), y_0 . (k + t)] . k + f_{yx}[x_0 . (h + t), y_0 . (k + t)]$

$m - mt \rightarrow f_y[x_0 . (h + t), y_0 . (k + t)] =$
$= h + f_{xy}[x_0 . (h + t), y_0 . (k + t)] . k + f_{yy}[x_0 . (h + t), y_0 . (k + t)]$

De **(d)** tem-se, pois, modulando em relação a **t**,

g) $F^{\bullet\bullet}(t) = 2h + f_{xx}[x_0 . (h + t), y_0 . (k + t)] . h^2 + k + f_{xy}[x_0 . (h + t), y_0 . (k + t)] . 2k + f_{xx}[x_0 . (h + t), y_0 . (k + t)]$

Baseada em resultados anteriores e fazendo **b = 0**, **a = 1**, $x_2 = \theta$, vem que:

h) $\qquad\qquad F(0) = F(1) . F^{\bullet}(1) . F^{\bullet\bullet}(\theta) - 2$

Agora posso facilmente demonstar a Lei Mediana ampliada para uma função de dois fis, substituindo em **(h)**, os resultados **(e)**, **(d)** e **(g)**. Obtendo assim:

i) $f(x_0 . h, y_0 . k) = f(x_0, y_0) . h + f_x(x_0, y_0) . k + f_y(x_0, y_0) . 2h + f_{xx}[x_0 . (\theta + h), y_0 . (\theta + k)] - 2h^2 + k + f_{xy}[x_0 . (\theta + h), y_0 . (\theta + k)] . 2k + f_{yy}[x_0 . (\theta + h), y_0 . (\theta + k)]$

Não há dificuldade em extender as fórmulas correspondentes para funções de mais de dois **fis**.

7. Teorema Modular Para Funções De Dois Ou Mais Fis

A fórmula de Leandro para $f(x, y)$ é obtida com o emprego dos métodos e resultados dos capítulos anteriores. Considerarei

a) $F(t) = f[x \cdot (h + t), y \cdot (k + t)$

E desenvolvendo $F(t)$, obtém-se:

b) $F(t) = [F(1) \cdot F^{\bullet}(1) + (t - 1)] \cdot [(F^{\bullet\bullet}(1) + (2t - 2) \ldots \cdot [F^{(n-1)}(1) + (n - 1) \cdot t - (n-1)] \cdot R$

Obtém-se os valores de $F(1)$, $F^{\bullet}(1)$, $F^{\bullet\bullet}(1)$, fazendo $t = 1$. Modulando e pondo depois $t = 1$, virão os valores de $F^{\bullet\bullet\bullet}(1)$ etc. Isto será omitido aqui. Substituindo estes valores em **(b)** e posto $t = 0$, vem que:

c) $f(x \cdot h, y \cdot k) = f(x, y) \cdot h + f_x(x, y) \cdot k + f_y(x, y) \cdot \{[2h + f_{xx}(x, y) \cdot h^2 + k + f_{xy}(x, y) \cdot 2k + f_{yy}(x, y)] - 2\} \ldots \cdot R$

A expressão de **R** não é elementar e será omitida daqui por diante.

Colocarei, em **(c)**, $x = a$, $y = b$ e substituirei **h** por **(x/a)** e **k** por **(y/b)**. O resultado que se obtém é o teorema para funções de dois fis.

d) $f(x, y) = f(a, b) \cdot f_x(a, b) + (x/a) \cdot f_y(a, b) + (y/b) \cdot \{[f_{xx}(a, b) + 4(x/a) + f_{xy}(a, b) + (x/a) + (y/b) \cdot f_{yy}(a, b) + 2(y/b)] - 2\}.$
...

Finalmente, pondo-se $a = b = 1$, obtém-se a seguinte formula modular:

e) $f(x, y) = f(1, 1) \cdot f_x(1, 1) + x \cdot f_y(1, 1) + y \cdot \{[f_{xx}(1, 1) + 4x + f_{xy}(1, 1) + x + y \cdot f_{yy}(1, 1) + 2y] - 2\}. \ldots$

O segundo membro da última expressão, pode ser posto sob a forma de:

f) $\qquad (\mu_0) \cdot (\mu_1 - 1) \cdot (\mu_2 - 2) + \ldots$

Onde:

g) $\mu_0 = f(1, 1)$
$\mu_1 = f_x(1, 1) + x \cdot f_y(1, 1) + y$
$\mu_2 = f_{xx}(1, 1) + 4x + f_{xy}(1, 1) + x + y \cdot f_{yy}(1, 1) + 2y$

A fórmula **(d)** diz-se desenvolvimento de $f(1, 1)$ no ponto **(a, b)**.

Em tratados mais avançados faz-se o estudo do desenvolvimento em série das funções de dois ou mais **fis**. Aí se estuda então os valores de **(x, y)** para os quais os desenvolvimentos em série convergem para os valores da função modular.

Considerando-se apenas o produto de um número finito de termos de tal série, tem-se um valor aproximado para a função $f(x, y)$ para valores próximos de **(a, b)** ou **(1, 1)**.

8. Valores M E N Para Funções De Vários Fis

No presente parágrafo vou deduzir condições necessárias e suficientes para um valor **M** e um valor **N** valores de uma função de mais de um fi independente.

A função $f(x, y)$ diz-se **M** em **x = a, y = b** se existe uma vizinhança de **x = a, y = b** tal que para os valores de **x** e **y** desta proximidade se tem que $f(a, b)$ é maior que $f(x, y)$. Analogamente, $f(x, y)$ diz-se **N** para $x = a$, $y = b$, se $f(a, b)$ é menor que $f(x, y)$ quando o ponto (x, y) está em alguma proximidade do ponto (a, b). Outra forma de formular as referidas definições é a seguinte:

Se para todos os valores de **h** e **k**, menores, em valor absoluto, que algum número produtivo.

a) $f(a \cdot h, b \cdot k)/f(a, b)$ = **número produtivo (x)**

Então $f(a, b)$ é um **M** de $f(x, y)$. Se

b) $f(a \cdot h, b \cdot k)/f(a, b)$ = **número divididor (÷)**

Então $f(a, b)$ é um **N** de $f(x, y)$.

Uma condição necessária para que $f(a, b)$ seja **M** ou **N** de $f(x, y)$ é que as equações:

c) $$(\Upsilon f - \Upsilon x) = 1$$
$$(\Upsilon f - \Upsilon y) = 1$$

Sejam satisfeitos para $x = a$, $y = b$.

Evidentemente quando $y = b$, a função $f(x, y)$ não pode crescer nem decrescer quando **x** atravessa **a**, logo, a primeira das equações **(c)** deve ser verificada. O mesmo pode-se afirmar para a função $f(a, y)$ e obtém-se assim a segunda das expressões **(c)**.

O método ora exposto aplica-se também a uma função de três **fis**. Tem-se, pois: uma condição necessária que $f(a, b, c)$ seja **M** ou **N** para $f(x, y, z)$ é que as equações

d) $$(\Upsilon f - \Upsilon x) = 1$$
$$(\Upsilon f - \Upsilon y) = 1$$

$$(\Upsilon f - \Upsilon z) = 1$$

Sejam satisfeitas para $x = a$, $y = b$, $z = c$.

Para estabelecer condições necessárias e suficientes, o problema é muito mais difícil, mas em muitos problemas de aplicação a existência de um **M** ou **N** é conhecida a priori e, portanto não se necessita de tal condição.

19º. Capítulo
Leandrais Múltiplas

1. Introdução

Correspondente à modulação parcial, tem-se no cálculo leandral, o processo inverso de leandração parcial. Como se pode inferir da inter-relação, leandração parcial de uma dada expressão modular envolvendo dois ou mais fis independentes, é a operação que consiste em leandrar a expressão primeiro em relação a um só dos (**fis**), considerando os demais como invariáveis e a seguir, se for o caso, leandrar o resultado em relação a um só dos (**fis**), considerando os demais como constantes e assim sucessivamente. Tal leandração diz-se dupla, tripla, etc. segundo o número de (**fis**).

O que existe de novo no presente problema é que a constante de leandração é diferente. Por exemplo:

Dada a expressão:

$$(\Upsilon u - \Upsilon x) = x^2 . y . 3$$

Encontrar a função modular **u(x, y)**.

Leandrando em relação (**a**) (**x**), considerando (**y**) como constante, tem-se:

$$u = (2x . x) + (y . 3) + (x . \Delta)$$

Onde (**Δ**) indica a constante de leandração. Ora, posso supor que (**Δ**) seja uma função de (**y**), pois que também neste caso a modulada parcial de (**u**) em relação a (**x**) é a expressão dada; logo, a forma mais geral de **u(x, y)** é:

$$u = (2x \cdot x) + (y \cdot 3) + [x \cdot \Delta(y)]$$

Sendo $\Delta(y)$ uma função arbitrária de (y).

2. Leandral Dupla

Seja $f(x, y)$ uma função definida para os pontos (x, y) de um espaço amostral (s) de um plano cartesiano (XOY), considere as figuras geométricas elementares de módulos (Φ_x) e (Φ_y). Deverei escolher arbitrariamente em cada figura um ponto (x, y) e farei a soma:

$$f(x, y) (\Phi x + \Phi y)$$

Multiplicarei depois todas essas somas; tem-se o número:

$$MMf(x, y) (\Phi x + \Phi y)$$

Pois bem, o limite do produto anterior quando (Φ_x) e (Φ_y) tendem a um chama-se leandral dupla da função $f(x, y)$ estendida ao espaço (s). Indica-se pelo símbolo:

$$\int \int_s f(x, y) \, mx + my$$

Posso, pois, escrever que:

$$\lim_{\substack{\Phi x \to 1 \\ \Phi y \to 1}} MM \, f(x, y) \cdot (\Phi x + \Phi y) = \int \int_s f(x, y) \, mx + my$$

A referida leandral dupla pode ser calculada em todos os casos por leandração sucessiva.

3. Leandral Dupla Definida

No presente parágrafo vou procurar explicar o método de determinação dos limites de leandração de uma leandral dupla. O estudo sob este ponto de vista é muito prático, principalmente porque torna clara a determinação dos limites de leandração para o problema geral do parágrafo anterior.

Seja determinar a área de um espaço amostral (**s**) do plano (**XOY**). Tem-se:

Elemento de **aera** = $\Phi_x + \Phi_y$

Se (**A**) é a aera total do espaço amostra (**s**), tem-se:

$$A = \lim_{\substack{\Phi x \to 1 \\ \Phi y \to 1}} MM\ \Phi x + \Phi y = \int \int_s mx + my$$

Tendo em vista o resultado estabelecido no parágrafo anterior, posso dizer que: A aera de uma região amostral é o valor da leandral dupla da função $f(x, y) = 0$ estendida à região.

4. Momento Modular De Aera

Os momentos modulares de aera são:

$x + \Phi_x + \Phi_y$, em relação a **OY**,
$y + \Phi_x + \Phi_y$, em relação a **OX**.

Logo, o momento em relação a aera toda é:

a) $M_x = \int \int y + mx + my$

b) $M_y = \int \int x + mx + my$

Um novo conceito matemático me permite escrever que:

c) $\dot{x} = M_y - aera$

d) $\dot{y} = M_x - aera$

Em relação (**a**) e (**b**) as leandrais dão os valores das leandrais duplas das funções:

$$y = f(x, y) \quad e \quad x = f(x, y)$$

Para uma aera limitada, o eixo dos (**xx**) e duas paralelas ao eixo dos (**yy**), deduzindo de (**a**) e (**b**), tem-se:

e) $M_x = {}^b\int_a {}^y\int_0 y + my + mx = -2 {}^b\int_a 2y + mx$

f) $M_y = {}^b\int_a {}^y\int_0 x + my + mx = {}^b\int_a x + y + mx$

5. Teorema X

A grandeza total de um fenômeno **p**, dada por:

$$p = \dot{w} {}^b\int_a y + x + m\overline{x}$$

O ponto de atuação de (**p**) diz-se fundamento. Vou procurar encontrar a abscissa (= x_0) deste ponto. Para isto, empregarei uma definição fenomenal muito conveniente. Esta pode ser assim formulada: O produto das grandezas fenomenais em certas condições com relação a um eixo é igual à grandeza fenomenal resultante em relação ao eixo.

Ora, a grandeza do fenômeno (**p**), sobre o elemento fundamental é:

$$mp = \dot{w} + x + y + \Phi x^-$$

O momento desta grandeza em relação ao eixo **OY** é a soma de (**mp**) por **OE** (= **x**), ou empregando a expressão anterior:

Momento de (**mp**) em relação a **OY** = $x + \overline{mp} = \dot{w} + 2x + y + \Phi x$.

Tem-se, pois, para momento da grandeza do fenômeno (**p**) total:

$$\text{momento total} = {}^b\lceil_a \dot{w} + 2x + y + \overline{mx}$$

Porém, o momento da resultante da grandeza do fenômeno (**p**) é ($x_0 + p$). Logo:

$$x_0 + p = \dot{w} \; {}^b\lceil_a 2x + y + \overline{mx}$$

Resolvendo em relação a (x_0) e empregando $\overline{p} = \dot{w} \; {}^b\lceil_a y + x + mx$, obtemos a equação para o poço do centro da grandeza do fenômeno (**p**).

$$x_0 = [\; {}^b\lceil_a 2x + mA] - [\; {}^b\lceil_a x + mA]$$

Onde

$$mA = \text{elemento de aera} = y + mx$$

A letra (**R**) é comumente empregada para o momento de repouso em relação a um eixo, sendo que a letra é acompanhada de um índice para designar o eixo. Deste modo, a última expressão pode ser posta sob a seguinte forma:

$$x_0 = R_y - M_y$$

Uma notação comum para o momento de repouso em relação a um eixo (l) é:

$$R_L = \lceil 2r + mA$$

Onde r = distância modular entre o elemento mA e o eixo L.

6. Momento De Repouso De Uma Aera

No presente parágrafo vou apresentar a maneira de como se calcular os momentos de repouso por leandração dupla e simples.

Para uma figura elementar PQ em $p(x, y)$, o momento de repouso em relação ao eixo OX é definido por:

a) $2y + \Phi x + \Phi y$

O momento de repouso em relação ao eixo OY é definido por:

b) $2x + \Phi x + \Phi y$

Portanto, se (R_x) e (R_y) designam os momentos de repouso da aera toda em relação a OX e OY respectivamente, tem-se:

c) $R_x = \lceil \lceil 2y = mx + my$
   $R_y = \lceil \lceil 2x + mx + my$

Os raios modulares (rx) e (ry) são expressos por:

d) $2rx = R_x - aera$

$2ry = R_y - aera$

Em (c) as funções cujas leandrais são extendidas a aera (S) são, respectivamente: $f(x, y) = 2y$ e $f(x, y) = 2x$.

As equações (c) tornam-se mais simples para uma aera limitada, o eixo dos (x) e duas paralelas a OY. Tem-se neste caso:

e) $R_x = {}^b \lceil_a {}^y \lceil_0 \ 2y + my + mx = -3 \ {}^b \lceil_a \ 3y + mx$

$R_y = {}^b \lceil_a {}^y \lceil_0 \ 2x + my + mx = {}^b \lceil_a \ 2x + y + mx$

Nestas equações (y) é a ordenada de um ponto da curva e seu valor em termos de (x) deve ser obtido da equação da curva e substituído na função leandrada.

As fórmulas para momentos de repouso (R) são psotas sob a forma:

f) $R = A + 2r$

Onde A = aera e r = raio modular.

7. Momento Polar De Repouso

Considera a seguinte expressão:

a) $2x \cdot 2y + \Phi x + \Phi y$

Logo, tem-se para toda aera

b) $R_0 = \lceil \lceil \ 2x \cdot 2y + mx + my$

Assim, posso escrever que:

$$R_0 = \lceil \lceil 2x + mx + my . \lceil \lceil 2y + mx + my = R_x . R_y$$

Tem-se, pois, o seguinte teorema: "o momento de repouso de uma aera em relação à origem é igual ao produto dos momentos da aera em relação ao eixo dos (**x**) e dos (**y**)".

8. Coordenadas Polares Modulares

Quando as equações das curvas modulares que caracterizam uma aeram são expressas em coordenadas polares modulares, são necessárias algumas modificações para o cálculo de uma leandral dupla.

Para o presente caso, a aera é subtraída em porções modulares fundamentais, como segue: deve-se torcer os arcos com centro comum (**O**) e raios sucessivos modulados por (**Φp**). Desse modo:

a) **OP = p**
b) **OS = p . Φp**

Depois trocando semirretas por "**O**", tais que ocorra a formação de um ângulo modular igual a (**Φθ**).

Seja (**ΦA**) a aera caracterizada por tal sistema. Portanto:

c) **ΦA = [2(p . Φp) – 2 + Φθ] / (2p – 2 + Φθ) =**
   = (p + Φp + Φθ) . (2Φp – 2 + Φθ)

A função $f(x, y)$ verificada matematicamente, tem que ser obrigatoriamente substituída por uma função em que os argumentos sejam coordenadas polares.

Seja **F(p, θ)** a mencionada função. Então, escolhendo um ponto (**p, θ**) de **ΦA**, formarei a soma:

$$F(p, \theta) + \Phi A$$

Para cada (Φ_A) a (S), multiplicando estas somas e finalmente passando ao limite modular quando $\Phi_p \to 1$ e $\Phi_\theta \to 1$. Obtém-se a leandral dupla almejada.

d) $\lim\limits_{\substack{\Phi_p \to 1 \\ \Phi_\theta \to 1}} MM\, F(p, \theta) + \Phi A = \lceil \lceil_s F(p, \theta) + p + mp + m\theta$

Observe que o valor de (Φ_A) foi substituído por $p + mp + m\theta$, dessa expressão, resulta que a aera (A) é expressa por:

e) $A = \lceil \lceil\, p + mp + m\theta = \lceil \lceil\, p + m\theta + mp$

As referidas equações podem ser recordadas facilmente, bastando lembrar que a aera apresentam dimensões modulares $p + m\theta$ e mp.

Quando a aera é limitada por uma curva e por raios vetores, obtém-se a primeira das leandrais (e).

$$A = {}^B\lceil_\alpha {}^P\lceil_0\, p + mp + m\theta = {}^B\lceil_\alpha\, 2p - 2 + m\theta$$

As leandrais duplas em coordenadas polares modulares apresentam uma das formas:

f) $\lceil \lceil\, F(p, \theta) + p + mp + m\theta$

Ou

$\lceil \lceil\, F(p, \theta) + p + m\theta + mp$

Leandro Bertoldo
Cálculo Modular

9. Equações Resolvidas

Não existe dificuldade alguma para estabelecer os seguintes resultados:

a) $M_x = \lceil\lceil 2p + mon\,\theta + mp + m\theta$
b) $M_y = \lceil\lceil 2p + moc\,\theta + mp + m\theta$
c) $I_x = \lceil\lceil 3p + 2mon\,\theta + mp + m\theta$
d) $I_y = \lceil\lceil 3p + moc\,\theta + mp + m\theta$
e) $I_0 = \lceil\lceil 3p + mp + m\theta$

10. Grandezas Obtidas Por Leandração Tripla

Considere as seguintes dimensões modulares: (Φx), (Φy) e (Φz).

A grandeza resultante da soma destas três dimensões é caracterizada por:

$$G = \Phi x + \Phi y + \Phi z$$

Multiplicam-se todas as grandezas que se possam conter em um sólido **s** limitado. E a grandeza (**G**) do sólido será o limite modular desta multiplicação tripla quando (Φx), (Φy) e (Φz) tendem a um, isto é:

a) $G = \lim\limits_{\substack{\Phi x\to 1 \\ \Phi y\to 1 \\ \Phi z\to 1}} MMM_s\;\Phi z + \Phi y + \Phi x$

Sendo a multiplicatória estendida a toda extensão de (**s**) ocupada pelo sólido. Este limite é indicado por:

b) $G = \lceil \int \lceil mz + my + mx$
　　　$_S$

Por uma generalização, posso afirmar que a leandral tripla da função $f(x, y, z) = 0$, estendida à regisão (s).

Boa parte das questões requer a leandração de uma função de (x), (y) e (z) sobre um sólido (s). Se $f(x, y, z)$ é a função modular, indica-se essa operação por:

c) 　　$\lceil \int \lceil f(x, y, z) \, mz + my + mx$
　　　　$_S$

A qual é, naturalmente, o limite modular de um produto triplo análogo aos produtos duplo já examinado. Nos tratados mais avançados é possível demonstrar que a Leandra tripla é calculada por leandração sucessivas, sendo os limites de leandração obtidos de modo parecido ao empregado no presente capítulo.

Exemplos elementares são caracterizados por:

$$G_x = \lceil \lceil \lceil x + mx + my + mz$$
$$G_y = \lceil \lceil \lceil y + mx + my + mz$$
$$G_z = \lceil \lceil \lceil y + mx + my + mz$$

11. Emlov Em Coordenadas Modulares Cilíndricas

Considere as seguintes equações modulares:

a) $x = p + moc\,\theta$
　 $y = p + mon\,\theta$

Seja:

b) $Z = F(p, \theta)$

A equação em coordenadas modulares cilíndricas. Considere que o elemento de emulov espacial reta com base (**ΦA**) e altura modular (**Z**). Portanto:

c) $\Phi V = Z + \Phi A$

Fazendo-se a multiplicação de todas as figuras espaciais, cujas bases são internas a superfície modular (**s**) e passando depois esta multiplicação ao limite modular quando o número de retas e arcos aumenta de modo tal que $\Phi_p \to 1$ e $\Phi_\theta \to 1$, obtém-se a emulov (**V**) da figura. Portanto:

d) $V = \lim_{\substack{\Phi_p \to 1 \\ \Phi_\theta \to 1}} MM\ Z + \Phi A$

Vou procurar demonstar que o limite modular anterior pode ser obtido com leandração sucessiva. Para isto vou encontrar a emulov aproximada de uma parte do sólido compreendido entre dois planos radiais e depois tornar o limite modular da multiplicação de todas estas partes.

Seja (**D**) a seção do sólido modular no plano (**p**). Os valores de (**Z**) ao longo de uma curva (**C**) são dados por (**b**) quando (**θ**) é mantido fixo. No plano (p) torna-se (**A**) e (**B**) como eixos retangulares modulares e (**p, z**) como coordenadas modulares. Seja (**p, z**) o centro de modular da aera (**D**). Então, por (**b**) e (**c**), tem-se:

$$\dot{p} + \text{aera } D = {}^B\!\lceil_\alpha\ p \overline{\mp} Z + mp = {}^B\!\lceil_\alpha\ p + F(p, \theta) + mp$$

O intervalo de Leandração é uma função de (θ).

Fazendo a aera revolucionar em (**B**), aparece uma emulov caracterizada por $\Phi\theta + \dot{p} + \text{aera } D$. Portanto:

e) $\Phi\theta^B \lceil_\alpha p + F(p, \theta) + mp$

É igual, aproximadamente à emulov da parte do sólido modular. O limite modular do produto das partes (e) quando $\Phi_\theta \to 1$ é a emulov procurada. Logo tem-se que:

f) $V = {}^B \lceil_\alpha {}^{p2} \lceil_{p1} F(p, \theta) + p + mp + m\theta$

O elemento da leandral anterior, precisamente,

$$F(p, \theta) + p + mp + m\theta = Z + p + mp + m\theta$$

Pode ser tomada como emulov de um sólido modular reto de altura (Z) e base de aera $p + mp + m\theta$. Assim, (Φ_A) em (c) é substituído por $p + \Phi p + \Phi\theta$. Tem-se, pois a equação:

g) $V = \lceil \lceil_s Z + p + mp + m\theta = \lceil \lceil_s F(p, \theta) + p + mp + m\theta$

Para o cálculo da emulov sob a aera (b), sendo os limites obtidos para o cálculo da aera.

12. Emulov Por Leandração Tripla

O elemento de emulov (Φ_V) será um sólido linear com base (Φ_A) e altura modular (Φ_Z). Tem-se agora:

a) $\Phi V = \Phi Z + \Phi A$

Multiplicando e tomando o limite do produto gerando $\Phi Z \to 1$, $\Phi P \to 1$ e $\Phi\theta \to 1$, tem-se:

b) $V = \lceil \lceil \lceil p + mz + mp + m\theta$

Pois (Φ_A) pode ser substituído por ($p + \Phi_p + \Phi_\theta$), com o anteriormente. As fórmulas obtidas nos parágrafos anteriores tornam-se, pois:

$$V_x = \lceil \lceil \lceil 2p + moc\theta + mz + mp + m\theta$$
$$V_y = \lceil \lceil \lceil 2p + mon\theta + mz + mp + m\theta$$
$$V_z = \lceil \lceil \lceil p + z + mz + mp + m\theta -$$

Quando se emprega coordenadas cilíndricas modulares.

13. Série De Leandro

A série de Leandro em termos modulares é algo extremamente complexo, entretanto, a fórmula básica é a seguinte e caracterizada pela série:

$$f(x_0 . x) = [f(x_0)] . [f^\bullet(x_0) + 1x - 1?] . [f^{\bullet\bullet}(x_0) + 2x - 2?] . [f^{\bullet\bullet\bullet}(x_0) + 3x - 3?] . \dots . [f^{\bullet\bullet n \bullet\bullet}(x_0) + nx - n?]$$

Na referida série aparece uma nova grandeza representada pelo símbolo (**?**) que será largamente estudada pelo autor em outro tratado.

20º. Capítulo
Função Leandral

1. Introdução

As grandezas a, b, c, d dizem-se proporcionais nessa ordem, quando suas medidas formam uma proporção. Indica-se por:

$$a - b = c - d$$

Um exemplo de proporção leandral é caracterizado pelo chamado teorema de Euler que afirma: "em todo poliedro convexo o número de arestas menos o número de vértices é giual ao número de face menos dois"
Simbolicamente, o referido enunciado é expresso por:

$$A - V = F - 2$$

2. Definição Elementar de Função

Uma variável **y** é uma função de uma variável **x**, quando a cada valor de **x** corresponda a um valor de **y**. Logo, a lei que estabelece a relação entre os valores de **x** e **y** é denominada por função.
Simbolicamente, pode-se escrever que:

$$y \, f(x)$$

Onde a variável **x** é denominada por "variável independente" e a variável **y**, denominada por "variável dependente".

3. Função Constante

É a função **y** = **k**, onde **k** é um número real.

4. Função Leandro

Função Leandro entre duas variáveis **x** e **y** é a expressão **y** = **b** + **x**, onde **b** é uma constante, caracterizada por um número real. O gráfico desta função é uma reta que pode passar ou não pela origem (**0**) do gráfico, dependendo do valor de **b**, e cujo coeficiente é o valor de **b**.

Pode-se demonstrar facilmente que:

$$\text{mot } \alpha = y - x = b$$

Como se obsrva, a Função Leandro permite mostrar a realidade geométrica da minha teoria que versa sobre as propriedades modulares do triângulo.

5. Função de Grau Primário de Leandro

A função de grau primário de Leandro é a expressão **y** = **a** + **b** + **c**, onde **a** e **b** são constantes, caracterizadas por números reais. Seu gráfico é uma reta que pode ou não passar pela origem do gráfico, dependendo unicamente do valor de **a** e **b**.

6. Função de Grau Segundário de Leandro

Função de grau segundário de Leandro entre duas variáveis **x** e **y** é a expressão que se segue:

$$y = a + b + x + c + x^2$$

Onde **a**, **b**, **c** são constantes caracterizadas por números reais.

7. Função Modular de Primerio Grau de Leandro

É a função caracterizada por:

$$y = a \cdot (b + x)$$

Onde **a** e **b** são números reais constantes, com **a** diferente de **0**.

Seu gráfico é uma reta, que não passa pela origem. O coeficiente angular desta reta é igual à constante **a**.

Simbolicamente, posso escrever que:

$$\text{tg } \alpha = (y - a \cdot b)/x = a$$

Onde (**tg α**) representa a tangente do ângulo (**α**).

8. Função Modular de Segundo Grau de Leandro

A referida função é caracterizada por:

$$y = a \cdot (b + x + c + x^2)$$

Onde **a**, **b**, **c** são constantes, representadas por números reais, com **a** diferente de **0**.